중2가
알아야 할
수학의
절대지식

중2가

알아야 할

수학의

절대지식

꼼지샘 나숙자 지음

북스토리

교사 재직 시절 수학을 싫어하고 어려워하는 아이들을 위해 시도했던 다양한 수업들이 수학에 대한 관심과 이해를 키워 가는 데 큰 도움을 주었던 경험이 있다. 정답을 찾는 문제풀이에만 목적을 두지 않고 수학 시詩를 만들고 수학 만화를 그리면서 아이들은 수학에 대한 흥미를 키워 갔다. 그 과정을 책으로 엮은 것이 〈친절한 수학 교과서 시리즈〉와 〈친절한 도형 교과서 시리즈〉이다. 그리고 이어 2014년 개정된 교육과정에 맞추어 교과서를 중심으로 수학 이야기를 엮어 새로운 책이 빛을 보게 되었다. '중학생이 알아야 할 수학의 모든 것'을 다루자는 기획의도로 시작된 〈중학생이 알아야 할 수학의 절대지식 시리즈〉이다.

1학년 과정에서는 중·고등학교 수학의 기초가 되는 수와 연산, 방정식과 함수, 통계, 도형의 기본이 되는 개념들을 배웠다. 초등 수학은 주로 수의 개념과 사칙계산, 간단한 도형의 성질 등을 다루었으나 중학교 수학은 수 대신 문자를 쓰는 식이 등장하면서 시쳇말로 후덜덜했을 것이고, 기억해 둬야 할 용어나 법칙, 공식들이 많아서 낯설고 어려웠을 것이다.

이 책에서 함께 배우게 될 중2 수학은 중1 수학과 중3 수학의 교량적 역할을 하는 과정으로, 중1에서 배웠던 내용에 가지 몇 개를 덧붙였다. 그런데도 중2 수학이 어렵게 느껴지는 이유는 지수와 같은 새로운 개념이 불쑥불쑥 나타나고, 곱셈 공식을 구구단 외우듯이 외워야 하며, 미지수가 2개인 방정식과 부등식, 일차함수를 제대로 이해하고 문제를 해결하는 것이 만만치 않기 때문이다.

하지만 체감상 공부가 조금 어려워진다고 해서 전체 교육과정 중 중학교 2학년 과정을 따로 뚝 떼어낼 수는 없다. 중1 수학이 초등학교에서 배우는 기초 수학에 가지 몇 개를 덧붙여 태어났듯, 중2 수학은 중1 수학에 또 몇 가지를 덧붙여 태어났다. 중3 수학, 고등 수학 또한 마찬가지이다. 교육과정에 따른 수학 공부는 서로 단절된 것이 아니라 긴밀히 연결되어 있기 때문이다.

중학교 1학년을 보내면서 수학이 어려웠던 친구들을 보면 문제에 대한 이해력이 부족한 경우가 많았다. 수학 문제를 푸는 데 있어 개념을 이해하고 푸는 것과 단순히 공식만 외워서 푸는 것에는 큰 차이가 있다. 그런데 앞서 이야기한 대로 수학의 교과과정은 나선형 구조여서 어느 한 과정이 부족하면 다음 과정을 이해하기 어렵다. 따라서 교과서에 나오는 수학 개념을 정확하게 이해해야 교과과정을 따라가는 데 어려움이 없다.

이 책에서는 중2 수학 교과서에 있는 내용이면서 반드시 알아둬야 하는 개념들을 교과서 순서에 따라 주제별로 정리했다. 그중에 분명하게 이해하고 넘어가야 할 공식 원리와 개념은 교과에, 수학의 전체 모습을 보기 위해 필요한 재미있는 수학 이야기는 융합에 담아뒀다. 그리고 다음의 특징을 담아 구성했다.

1. 수학 공식을 무조건 외우게 하는 것이 아니라, 스스로 만들어 보고 적용하는 방법을 제시했다.
2. 수학 용어에 대한 개념과 원리를 꼼꼼하게 설명했다.
3. 주먹구구식이 아니라 논리에 이야기를 입혔다.
4. 수학의 전체 모습을 보여주기 위해 애썼다.

이 책을 교과서 옆에 챙겨 두고 학교 수업 진도에 맞추어 함께 읽어 나가다 보면, 수업 시간에 놓친 부분을 다잡고 부족한 수학 개념에 대한 이해를 보충할 수 있을 것이다. 중요 개념을 쉽게 설명하고자 한 필자의 노력이 이 책을 읽는 어린 독자들의 수학 공부에 꼭 필요한 도움으로 이어질 것이라 믿어 의심치 않는다.

또 학생들 외에 자녀 교육을 스스로 챙기고자 하는 학부모님들께도 이 책을 권하고 싶다. 수학을 어렵다고 느끼는 분일수록 꼭 한 번 읽어 보시라. 나이가 들수록 암기력은 떨어지나 이해력은 높아지니 이 책을 통해 '지루하고 재미없다'는 수학에 대한 편견을 한 번에 날려 보낼 수 있을 것이다. 온 가족이 둘러앉아 수학에 관한 대화의 장을 넓혀 간다면 그보다 효과적인 교육법이 있을까 싶다. 부모의 관심만큼 아이들의 수학에 대한 흥미도 한층 자라날 것이다.

마지막으로 이 책이 나오기까지 열성을 다해 격려해 준 남편과 아이디어를 제공해 준 두 딸, 특히 비문을 고쳐 주고 예쁘게 다듬어 준 둘째 딸 상희에게 고마움을 전하고 싶다.

나숙자

첫째마당 수와 식

둘째마당 ▶ 방정식과 부등식

셋째마당 ▶ 일차함수

넷째마당 확률

다섯째 마당 ▶ **도형**의 **성질**

여섯째 마당 도형의 닮음

수와 식

분수와 소수는 어떻게 다르지?

0.14144144

$x=2.5555\cdots$

유리수란 무엇일까?

중학교 2학년 과정에서 새롭게 등장하는 수가 '순환소수'이다. 순환소수는 유리수에 속하는 수이다. 유리수에는 순환소수뿐만 아니라 분수와 소수도 포함되어 있다. 그럼 자연수와 정수는 어떤가? 그들 역시 모두 유리수 안의 수이다. 슬슬 실감이 난다. 유리수의 어마어마한 덩치가 이제 좀 손에 잡힌다.

덩치 큰 유리수의 정의를 살펴보자.

a, b가 정수이고, $b \neq 0$일 때 $\dfrac{a}{b}$의 꼴로 나타낼 수 있는 수를 '유리수'라고 한다. 즉 유리수란 분수 꼴로 나타낼 수 있는 수이다. 예를 들어 -1, $-\dfrac{1}{2}$, 0, 0.4, 5, 3.14는 모두 유리수이다. $-\dfrac{1}{1}$, $-\dfrac{1}{2}$, $\dfrac{0}{2}$, $\dfrac{4}{10}$, $\dfrac{5}{1}$, $\dfrac{314}{100}$ 처럼 분수 꼴로 나타낼 수 있기 때문이다. 위의 유리수 중에 -1, 0, 5는

첫째마당

수와 식

교과

정수이고, $-\dfrac{1}{2}$, 0.4, 3.14는 정수가 아닌 유리수이다.

사람 중에는 여자도 있고, 여자 아닌 사람도 있듯이 유리수 중에도 정수도 있고, 정수가 아닌 유리수도 있다. 다만 우리가 여자 아닌 사람을 특별히 '남자'라고 부르는 것과 달리, 정수가 아닌 유리수는 그것을 부르는 특정한 이름이 없을 뿐이다.

$$\text{유리수}\begin{cases}\text{정수}: \cdots,\ -3,\ -2,\ -1,\ 0,\ 1,\ 2,\ 3,\ \cdots \\[2mm] \text{정수가 아닌 유리수}: \cdots,\ -\dfrac{1}{2},\ 0.4,\ \cdots,\ 1.\dot{5},\ \cdots\end{cases}$$

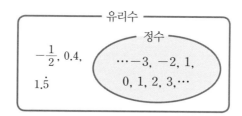

어찌 됐건 유리수 중에서 정수는 중학교 1학년 과정에서 꼼꼼하게 다루었다. 그럼 정수 아닌 유리수는 생판 처음이냐고? 그렇지는 않다. 정수 아닌 유리수의 모양새를 보자. 그것들의 모양새는 분수이거나 소수이다. 분수나 소수는 이미 초등학교 때부터 배워 온 것이지 않은가? 그런데 왜 유리수를 들먹이냐고? 지금까지 배워 온 것을 기본으로 해서 좀 더 내밀한 부분까지 파고들면 유리수에 대한 전체적인 윤곽이 잡히기 때문이다.

자, 거대한 유리수가 분수, 소수, 순환소수, 유한소수, 무한소수로 포획되는 순간을 상상해 보자.

분수! 너는 어떻게 태어났니?

그럼 유리수인 분수는 어떻게 태어났을까? 지금으로부터 3,000여 년 전의 일이다. 거대한 피라미드를 만들기 위해 이집트 곳곳에서 노동자들이 모여들었다. 당시 노동자들의 일당은 빵이었다. 하루의 노동이 끝나면 노동자들은 일정량의 빵을 동일하게 제공받았다.

그러던 어느 날이었다. 여느 날과 같이 관리가 노동자들에게 빵을 나누어 주려는데 문제가 생겼다. 빵 배급을 기다리는 노동자는 6명인데 빵은 5개밖에 남지 않았던 것이다. 관리는 일순 눈앞이 깜깜해졌다. 그는 공평함이 깨질 시에 분란이 얼마나 일어나기 쉬운지 잘 알고 있었기 때문이다. 그에겐 당장 해결책이 필요했다.

이제 우리 친구들이 관리를 위한 돌파구를 제시해 보자.

6명의 노동자가 있는데 빵은 5개가 남아 있으니 노동자 1명이 빵 1개씩을 가지는 것은 불가능하다. 그렇다면 노동자들이 같은 몫의 빵을 나누어 갖는 것은 불가능할까? 분수를 알고 있는 친구라면 아주 쉽게 답을 제시할 수 있을 것이다. $\frac{5}{6}$개씩 빵을 나누어 주면 정확히 똑같은 몫으로 5개의 빵을 분배할 수 있을 테니 말이다. 하지만 안타깝게도 당시의 이집트에는 분수가 없었다.

　결국 관리는 자연수만으로는 도저히 나타낼 수 없는 수가 있다는 것을 알게 되었다. 그리고 자연수만으로 나타낼 수 없는 수를 나타내기 위해 고심한 결과 분수가 태어나게 된다. 말하자면 $5 \div 6$과 같은 나눗셈을 하다가 분수를 생각해낸 것이다.

　그런데 고대 이집트에서 쓰던 분수는 $\frac{1}{2}$, $\frac{1}{3}$처럼 분모는 자연수이고 분자가 1인 '단위분수'였다고 한다(분자가 1이 아닌 분수를 사용하게 된 것은 16세기 이후다).

　자, 다시 5개의 빵을 6명의 사람에게 분배하는 문제로 돌아가 보자.

　고대 이집트 사람들처럼 단위분수를 쓴다면 어떻게 공평한 분배가 가능할까? 그들의 생각을 따라가 보자. 다음 그림처럼 우선 빵 5개 중 3개

를 각각 반씩 나눈다. 빵 3개를 반씩 나누니 빵 6개가 생겼다. 이 조각난 빵들을 6명의 노동자들에게 나누어 준다. 그리고 남은 2개의 빵을 각각 3등분한다. 이제 노동자들은 온전한 빵의 $\frac{1}{3}$씩을 추가로 손에 넣는다.

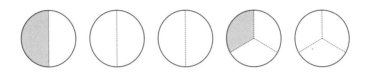

이것을 식으로 나타내면 $\frac{5}{6} = \frac{1}{2} + \frac{1}{3}$이다.

아! 남김 없이 공평하게 나누어 주니 단위분수가 뽕~ 생겨나는구나!

참고로 단위분수는 그리스와 로마에 이어 중세까지도 계속 쓰이다가 16세기경에야 분자가 1이 아닌 분수를 쓰기 시작했다.

호루스의 눈과 단위분수

이집트 신화에는 인간의 눈과 매의 머리를 가진 신, 호루스Horus가 등장하는데, 그에 얽힌 이야기를 간략히 살펴보자.

호루스는 죽음과 부활의 신, 오시리스Osiris와 여신 이시스Isis 사이에서 태어났다. 그는 아버지 오시리스가 아버지의 동생이면서 악의 신인 세트Set에게 죽임을 당하자 80년의 세월 동안 세트와 격렬히 싸웠는데, 자신의 왼쪽 눈을 빼앗기면서까지 승리를 거머쥔다. 한편 호루스에게 패한 세트는 자신이 뽑아온 호루스의 왼쪽 눈을 조각내어 이집트 전 지역에 뿌리고 다녔다. 그때 지혜와 정의의 신, 토트Thoth가 등장하여 호루스의 눈 조각들을 일일이 주워 모아 퍼즐 맞추듯 끼워 맞췄다.

아래 그림을 참고하여 지혜의 신 토트가 주워 모았다는 호루스의 눈 6조각을 몽땅 더해 보자. $\frac{1}{2}+\frac{1}{4}+\frac{1}{8}+\frac{1}{16}+\frac{1}{32}+\frac{1}{64}=\frac{63}{64}$ 으로 전체의 눈 1이 되기에는 부족하다. 여기서 이집트 인들은 부족한 수 $\frac{1}{64}$ 은 호루스의 눈을 치유해 준 지혜와 정의의 신 토트가 채워줬다고 여겼다. 이렇게 하여 완성된 호루스의 눈은 '완전함'을 상징하게 되었고, 결국 호루스는 이집트 최고의 태양신이자 하늘의 신이 된 것이다.

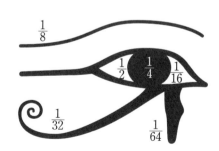

이 신화를 통해 우리 친구들은 지혜의 신인 토트는 이집트인 자신이고, 토트의 지혜는 이집트 사람들의 지혜라는 것을 짐작했을지 모르겠다. 신화가 사실이냐 아니냐를 떠나 호루스의 눈을 통해 고대 이집트 인이 단위분수를 썼다는 것과, 또 인류는 아주 오래전부터 분수를 써왔다는 것은 꼭 기억하자.

참고로 호루스의 눈 $\frac{1}{2}$은 후각, $\frac{1}{4}$은 시각, $\frac{1}{8}$은 생각, $\frac{1}{16}$은 청각, $\frac{1}{32}$은 미각, $\frac{1}{64}$은 촉각을 상징한다고 한다.

 ## 소수! 너는 어떻게 태어났니?

소수를 처음으로 생각해낸 사람은 17세기 네덜란드 수학자 스테빈 Simon Stevin이다. 시기적으로 따져 보면 소수는 분수에 비해 꽤나 늦게 등장했다. 분수는 기원전에 등장했으니 말이다. 스테빈은 네덜란드가 에스파냐로부터 독립전쟁을 하던 시기에 회계 업무를 담당하는 장교였다. 군자금을 빌리고 이자를 계산하는 것이 그의 일이었는데, 이자율에 쓰인 분수 계산이 상당히 번거롭다는 것을 알아차리고는 계산을 쉽게 하기 위해 소수를 고안했다고 한다.

좀 더 자세히 알아볼까?

스테빈이 군자금에 대한 이자를 계산할 때였다. 그는 이자율이 $\frac{1}{10}$일 경우에는 쉽던 계산이 $\frac{1}{11}$이나 $\frac{1}{12}$과 같은 수가 이자율로 주어지면 어렵고 복잡해진다는 것을 알게 되었다. 좀 더 쉽게 이자를 계산하고 싶었던 스테빈은 고심을 거듭했다. 그러던 어느 날, 자신의 무릎을 쳤다.

"이자율 $\frac{1}{10}$이 계산하기 쉬웠던 것은 분모가 10의 배수라서야. 10의 배수는 통분하기 쉽거든. 그렇다면 이자율 $\frac{1}{11}$, $\frac{1}{12}$도 분모를 10의 배수로 고쳐 계산한다면 무척 간단해질 거란 말이지!"

이후로 스테빈은 $\frac{1}{11}$, $\frac{1}{12}$과 같이 주어진 이자율이 복잡할 때는 분모를 10의 배수로 고쳐 쓰기 시작했다. 이자율 $\frac{1}{11}$은 $\frac{1}{11}$과 값이 거의 같은 $\frac{1}{11} = \frac{9}{99} \fallingdotseq \frac{9}{100}$를 쓰고, 또 $\frac{1}{12}$은 $\frac{1}{12}$과 값이 거의 같은 $\frac{1}{12} = \frac{8}{96} \fallingdotseq \frac{8}{100}$로 계산한 것이다.

더 나아가 그는 어느 것이 더 큰 수인지 판단하기 쉬운 방법을 찾다가 "분수의 분모를 없애면 좀 더 쉽고 간편해질 거야. $\frac{91}{1000}$, $\frac{8}{100}$ 대신에 0⓪0①9②1③, 0⓪0①8②을 쓰게 되면 어느 것이 더 큰 수인지 한눈에 알아볼 수 있으니까 말이지."라며 또 한 번 무릎을 쳤다.

이렇게 스테빈은 분수의 분모를 생략하고 소수의 자리를 동그라미 속의 숫자로 표시하기 시작했다. 소수를 발견한 것이다. 마침내 스테빈은 소수가 분수 없이도 모든 계산과 측정이 완벽해질 수 있는 산술의 종류라고 여기게 되었다.

스테빈에 의해 태어난 소수는 나타내는 모양이 여러 가지로 바뀌다가 오늘날과 같은 소수점을 찍게 되었는데, 그 시기는 그로부터 33년이 지난 후 영국의 수학자 네이피어John Napier에 의해서였다. 하지만 지금도 소수를 나타내는 방법은 완전하게 통일이 되지는 않아 어떤 나라에서는 소수점 대신에 쉼표를 찍기도 한다.

$$3ⓞ1①4② \rightarrow \overset{ⓞ ① ②}{3 \ 1 \ 4} \rightarrow 3.14$$

스테빈의 일화에서 알 수 있듯 결국 소수는 상업의 발달에 따라 양을 정확하게 측정하고, 계산을 확실히 할 필요성이 커지면서 널리 쓰이게 되었다고 할 수 있겠다.

분수와 소수, 둘의 관계를 따져 보자

분수와 소수 간에는 어떤 차이점과 공통점이 있을까?

차이점을 먼저 살펴보자.

분수와 소수는 그 등장 시기가 다르다. 분수는 지금으로부터 수천 년 전에 등장했다. 하지만 소수는 그보다 훨씬 뒤인 17세기에야 등장했다. 분수는 너무나 오래전에 등장했기 때문에 분수를 처음 사용한 사람에 대해서도, 또 어떻게 생겨나게 되었는지도 정확히 알 수 없다. 하지만 17세기에 태어난 소수는 앞서 소수의 발견자인 스테빈의 일화를 살펴보았듯 그 출발점이 비교적 확실하다고 할 수 있다.

분수와 소수는 태어난 동기도 다르다. 분수는 물건을 공평하게 나누고자 하는 데서 태어났고, 소수는 물건의 길이를 재거나 양을 측정하는 데서 태어났다. 때문에 분수는 4÷5와 같은 나눗셈을 할 때 편리하고, 소수는 키 162.4cm, 몸무게 53.6kg처럼 길이나 양을 측정할 때 편리하다. 또 소수는 크기를 비교하기 쉬우므로 달리기, 멀리뛰기, 야구 등 스포츠 기록을 나타낼 때 흔히 쓰인다.

이와 같은 차이점에도 불구하고 분수와 소수는 동일한 수를 표현한다는 점에서 밀접한 관련을 맺고 있다. 다음 표를 보자.

분수	$\frac{1}{10}$	$\frac{2}{10}$	$\frac{3}{10}$	$\frac{4}{10}$	$\frac{5}{10}$	$\frac{6}{10}$	$\frac{7}{10}$	$\frac{8}{10}$	$\frac{9}{10}$
소수	0.1	0.2	0.3	0.4	0.5	0.6	0.7	0.8	0.9

분수	$\frac{1}{100}$	$\frac{2}{100}$	$\frac{3}{100}$	$\frac{4}{100}$	...	$\frac{96}{100}$	$\frac{97}{100}$	$\frac{98}{100}$	$\frac{99}{100}$
소수	0.01	0.02	0.03	0.04	...	0.96	0.97	0.98	0.99

표에 잘 나타나 있듯 분모가 10인 분수와 소수점 이하 한 자리 수의 소수는 1을 10등분했다는 점에서 서로 같고, 분모가 100인 분수와 소수 점 이하 두 자리 수의 소수는 1을 100등분했다는 점에서 서로 같다.

즉, 분모가 10의 거듭제곱인 분수 $\frac{1}{10}$, $\frac{1}{100}$, …은 아주 간단하게 소수 0.1, 0.01 등으로 나타낼 수 있다. 또 $\frac{2}{3}$처럼 분모가 10의 거듭제곱이 아닌 분수도 0.666…처럼 얼마든지 소수로 나타낼 수 있다.

이처럼 분수와 소수는 같은 수를 2가지 방식으로 표현하면서 서로 밀접한 관계를 맺고 있다는 점을 잊지 말자!

 ## 소수는 형태가 다양해

어떤 수가 $\frac{정수}{정수}$(단 분모는 0이 아니다) 꼴이면 우리는 무조건 그 수를 분수라고 부른다. 하지만 소수는 다르다. 형태가 다양해서 각각 정해진 이름이 따로 있다. 유한소수, 무한소수, 순환소수처럼 말이다.

그럼 각각을 좀 더 자세히 살펴보자.

먼저 유한소수는 0.1, 3.45와 같이 소수점 아래에 0이 아닌 숫자가 1개, 2개처럼 셀 수 있는 유한개일 경우에 붙여지는 이름이다. 그리고 무한소수는 0.666…, 3.141592…처럼 소수점 아래에 0이 아닌 숫자가 꼬리에 꼬리를 물어 몇 개인지 셀 수 없는 소수를 가리킨다.

이러한 무한소수는 다시 순환소수와 순환하지 않는 소수, 즉 비순환소수로 구분할 수 있다. 0.666…, 1.414141…, −2.415415415…처럼 무한소수 중에서 소수점 아래의 어떤 자리에서부터 일정한 숫자의 배열이 되풀이되면 순환소수라 부르고, 3.141592…처럼 순환하지 않는 소수는 비순환소수라 부른다.

$$
소수
\begin{cases}
\text{유한소수} : 0.2,\ 3.14\cdots \\
\text{무한소수}
\begin{cases}
\text{순환소수} : 0.333\cdots,\ 1.4141\cdots \\
\text{순환하지 않는 소수} : 3.141592\cdots(원주율), \\
\qquad\qquad\qquad\qquad\qquad 0.141441444\cdots
\end{cases}
\end{cases}
\quad 유리수
$$

　소수 중에서 유한소수와 순환소수는 모두 분수 꼴로 나타낼 수 있으므로 유리수이다. 하지만 순환하지 않는 원주율 3.141592…와 같은 소수는 분수 꼴로 나타낼 수 없으므로 유리수가 아니다. 때문에 유리수는 유한소수 또는 순환소수로 나타낼 수 있을 뿐, 순환하지 않는 무한소수로는 나타낼 수 없다.

　그런데 앞에서 살펴보았듯 순환소수는 무한소수이다. 무한소수지만 분수 꼴로 나타낼 수 있기 때문에 유리수이다. 따라서 유리수 속에는 일부 무한소수가 있다. 유리수는 모두 유한소수일 것이라 생각하는 친구들이 꽤 있는데, 유리수 속에는 유한소수도 있고 무한소수도 있음을 잘 기억해 두자!

교과 **순환소수는 어떻게 표현하지?**

유리수는 분수 꼴로 나타낼 수 있는 수이다. 그런 유리수는 다음과 같이 소수로도 나타낼 수 있다.

$$\frac{1}{2} = 0.5 \qquad\qquad \frac{1}{3} = 0.333\cdots$$

$$\frac{1}{6} = 0.1666\cdots \qquad\qquad \frac{2}{11} = 0.181818\cdots$$

주어진 수 중 $\frac{1}{2} = 0.5$는 유한소수이고 $\frac{1}{3} = 0.333\cdots$, $\frac{1}{6} = 0.1666\cdots$, $\frac{2}{11} = 0.181818\cdots$은 모두 무한소수이다. 이 무한소수들은 모두 소수점 아래에 어떤 수들이 규칙적으로 반복되어 나타난다. 이처럼 소수점 이하에 동일한 숫자의 배열이 되풀이되는 무한소수를 순환소수라 한다고 이미 이야기했다.

이때 반복되는 숫자를 '순환마디'라고 부른다. 예를 들어 $\frac{1}{3} = 0.333\cdots$의 순환마디는 3이고, $\frac{1}{6} = 0.1666\cdots$의 순환마디는 6이며, $\frac{2}{11} = 0.181818\cdots$의 순환마디는 18이다.

한편, 유리수를 순환소수로 나타낼 때, $0.333\cdots$, $0.1666\cdots$, $0.181818\cdots$ 처럼 같은 수를 반복해서 쓰면 여러모로 불편하기 때문에 나라별, 시대별로 특별한 기호를 써서 간단하게 나타내고들 있다. 그중 대표적인 방법 3가지를 소개하면 다음과 같다.

첫째, 순환마디의 처음부터 끝까지 선분을 그어 나타낸다.

$$\frac{1}{3}=0.333, \cdots=0.\overline{3}, \quad \frac{1}{6}=0.1666, \cdots=0.1\overline{6},$$

$$\frac{2}{11}=0.181818, \cdots=0.\overline{18}$$

둘째, 순환마디 양 끝의 숫자 위에 점을 찍어 나타낸다. 현재 우리나라에서 쓰고 있는 방법이다.

$$\frac{1}{3}=0.\dot{3}, \frac{1}{6}=0.1\dot{6}, \frac{2}{11}=0.\dot{1}\dot{8}$$

셋째, 순환마디의 처음과 끝에 괄호를 사용하여 나타낸다.

$$\frac{1}{3}=0.(3), \frac{1}{6}=0.1(6), \frac{2}{11}=0.(18)$$

이처럼 수학 기호는 약속에 의해 만들어지는 것이어서 시대에 따라 혹은 나라에 따라 그 표현방식을 달리하기도 한다.

교과 **넌 유한소수니, 순환소수니?**

0.3은 유한소수이다.

1.4141…은 무한소수이자, 순환소수이다.

이처럼 소수로 나타내진 수는 유한소수인지 무한소수인지, 또는 순환소수인지 단번에 구분할 수 있다. 하지만 $\frac{11}{20}$, $\frac{4}{33}$, …와 같은 분수일 경우에는 유한소수인지 순환소수인지 구분하기가 쉽지 않다. 그래서 보통은 다음과 같이 직접 나눠 본 뒤에야 유한소수인지 순환소수인지 알 수 있다.

분수 $\frac{11}{20}$은 11÷20이므로 나눠 보면 11÷20＝0.55. 따라서 유한소수이고, 분수 $\frac{4}{33}$는 4÷33이므로 나눠 보면 4÷33＝0.1212…. 따라서 순환소수이다.

그렇다면 분수는 반드시 나눠 봐야만 유한소수인지 순환소수인지 구분할 수 있는 것일까? 그렇지만은 않다. 나눠 보지 않고도 구분할 수 있는 마법 같은 방법이 있다. 자, 다음을 보자.

우선 유한소수는 다음과 같이 분수로 고치면 분모가 10의 거듭제곱인 분수의 꼴로 나타낼 수 있다.

$$1.4 = \frac{14}{10}, \quad 2.34 = \frac{234}{100}, \quad 1.234 = \frac{1234}{1000}, \cdots$$

이것을 반대로 생각하면 분모가 10의 거듭제곱 꼴인 분수일 경우 $\frac{14}{10}=1.4$, $\frac{234}{100}=2.34$, $\frac{1234}{1000}=1.234$, …처럼 유한소수임을 알 수 있다. 이때 10의 거듭제곱의 소인수는 2나 5뿐이다. 이 말은 분모의 소인수가 2나 5뿐이면 언제든지 분모, 분자에 적당한 수를 곱하여 분모를 10의 거듭제곱 꼴로 고칠 수 있고, 따라서 유한소수로 나타낼 수 있다는 것이다. 하지만 $\frac{1}{3}$과 같이 분모에 2나 5 이외의 소인수가 있는 분수는 분모를 10의 거듭제곱 꼴로 고칠 수 없으므로 유한소수로 나타낼 수 없다.

그렇다! 정수가 아닌 유리수를 기약분수로 고쳤을 때, 분모의 소인수가 2나 5뿐이면 그 분수는 유한소수로, 2 또는 5 이외의 소인수를 가지면 그 분수는 순환소수로 나타낼 수 있다. 이때 주어진 분수는 반드시 기약분수여야 한다는 것 잊지 말자.

$$\frac{5}{8}=\frac{5}{②^3}, \quad \frac{11}{20}=\frac{11}{②^2×⑤}, \quad \frac{2}{25}=\frac{2}{⑤^2}$$

분모의 소인수가 2 또는 5뿐
∴ 우린 유한소수

$$\frac{3}{14}=\frac{3}{2×⑦}, \quad \frac{4}{15}=\frac{4}{③×5}, \quad \frac{5}{22}=\frac{5}{2×⑪}$$

분모에 2 또는 5 이외의 소인수
∴ 우린 순환소수

교과 무한소수도 분수로 고칠 수 있어

분수로 나타내진 수는 다음과 같이 분자를 분모로 나누어 정수 또는 소수로 나타낼 수 있다.

$$\frac{10}{5}=10\div 5=2$$

$$\frac{3}{2}=3\div 2=1.5$$

$$\frac{12}{90}=12\div 90=0.1333\cdots$$

그렇다면 소수로 나타내진 수의 경우에는 분수로 표현이 가능할까? 글쎄다. 0.2, 5.41과 같은 유한소수들은 얼마든지 분수로 바꿔 나타낼 수 있다. 만약 소수점 이하 한 자리 수의 소수라면 분모를 10으로, 소수점 이하 두 자리 수의 소수라면 분모를 100으로 적는 식으로 $0.2=\frac{2}{10}$, $5.41=\frac{541}{100}$처럼 얼마든지 분수로 나타낼 수 있는 것이다.

하지만 $0.333\cdots$, $0.141414\cdots$, $3.141592\cdots$처럼 소수점 아래의 0이 아닌 숫자가 무한히 계속되는 무한소수라면 문제는 달라진다. 무한소수는 소수점 이하의 수가 몇 자리 수인지 알 수 없기 때문에 분모를 얼마로 해야 할지 정할 수 없다. 때문에 '무한소수는 분수로 나타낼 수 없다'는 결론을 내리기 쉽다.

그러나 무한소수 중에 순환소수만큼은 분수로 나타낼 수 있다. 자~ 순환소수 $2.\dot{5}$를 분수로 나타내 보자.

먼저 주어진 순환소수 $2.\dot{5}$를 x로 놓는다.

$$x=2.55555\cdots \qquad \cdots ①$$

①은 무한소수이다. 등식의 성질을 이용하여 ①의 양변에 10을 곱한다.

$$10x = 25.5555\cdots \qquad \cdots ②$$

② 또한 무한소수이다. 무한소수 둘을 간단히 나타내면 다음과 같다.

$$\begin{cases} x = 2.55555\cdots & \cdots ① \\ 10x = 25.55555\cdots & \cdots ② \end{cases}$$

이때 식 ①, ②를 보면 둘 다 소수점 아래 부분이 0.5555…로 똑같다. 따라서 식 ②에서 식 ①을 빼주면 다음과 같다.

$$9x = 25 - 2$$
$$9x = 23$$
$$\therefore x = \frac{23}{9}$$

따라서 $2.\dot{5} = \dfrac{23}{9}$이다. 이처럼 순환소수는 무한소수임에도 불구하고 분수로 나타낼 수 있다. 또 분수 꼴로 나타낼 수 있기 때문에 순환소수는 유리수이다. 참고로 $x = 2.55555\cdots$의 양변에 10을 곱하는 대신 다음과 같이 100을 곱할 경우도 생각해 보자.

$$\begin{cases} x = 2.55555\cdots & \cdots ① \\ 100x = 255.55555\cdots & \cdots ② \end{cases}$$

$$②-①은 \quad 99x = 255 - 2$$

$$99x = 253$$

$$\therefore x = \frac{253}{99} = \frac{23}{9}$$

<small>(11로 약분한다)</small>

역시 결과 값은 같다. 하지만 100, 1000, …과 같은 큰 수를 곱할 경우 수가 커져 약분해야 하는 불편함이 따르므로 될 수 있으면 작은 수를 곱하는 것이 낫다.

1과 0.9̇ 중에서 어떤 수가 더 클까?

무한소수 중에 순환소수는 크기도 비교할 수 있을까? 예를 들어 $0.\dot{2}\dot{3}$ 과 $0.\dot{2}\dot{4}$ 중 어떤 수가 더 큰 수인지 알 수 있을까? $0.\dot{2}\dot{3}=0.232323\cdots$이고, $0.\dot{2}\dot{4}=0.242424\cdots$이므로 $0.\dot{2}\dot{3}<0.\dot{2}\dot{4}$이다. 따라서 순환소수는 크기를 비교할 수 있다. $0.\dot{2}\dot{3}<0.\dot{2}\dot{4}$에서 알 수 있듯이 순환소수도 유한소수처럼 먼저 정수 부분의 크기를 비교하고, 그다음으로 소수점 아래 소수

첫째 자리부터 비교해서 크고 작은 것을 구분하면 된다.

말하자면 $0.\dot{2}\dot{3}$과 $0.\dot{2}\dot{4}$의 경우 소수 첫째 자리의 숫자는 모두 2로 같기 때문에 소수 둘째 자리의 숫자를 비교해서 $0.\dot{2}\dot{3}$은 3, $0.\dot{2}\dot{4}$는 4이므로 $0.\dot{2}\dot{3} < 0.\dot{2}\dot{4}$임을 알 수 있다.

이와 달리 순환소수를 분수로 고쳐서 크기를 비교할 수도 있다.

$0.\dot{2}\dot{3} = \dfrac{23}{99}$, $0.\dot{2}\dot{4} = \dfrac{24}{99}$처럼 말이다.

이때 $\dfrac{23}{99} < \dfrac{24}{99}$이므로 $0.\dot{2}\dot{3} < 0.\dot{2}\dot{4}$이다.

이처럼 순환소수는 끝이 없는 무한소수지만 분수로 나타낼 수 있고, 또 그 크기도 비교할 수 있다.

그렇다면 $0.\dot{9}$와 1 중에서 어떤 수가 더 큰 수일까? 얼핏 생각하면 $0.\dot{9}$은 $0.99999\cdots$이므로 $0.\dot{9} < 1$일 것 같다. 하지만 아니다. 둘은 서로 같다. 즉 $0.\dot{9} = 1$이다. 왜 그럴까? 여러 가지 방법으로 설명할 수 있다.

첫째, $\dfrac{1}{3} = 0.3333\cdots$이다.

등식의 성질을 이용하여 등식의 양변에 3을 곱한다.

$$\frac{1}{3} \times 3 = 0.333\cdots \times 3$$

$$1 = 0.999\cdots$$

$$\therefore 1 = 0.\dot{9}$$

둘째, 순환소수 $0.\dot{9}$를 x로 놓는다.

$$x = 0.999\cdots \quad \cdots \text{①}$$

등식의 성질을 이용하여 ①의 양변에 10을 곱한다.

$$10x = 9.999\cdots \quad \cdots \text{②}$$

$$\text{즉} \begin{cases} x = 0.999\cdots & \cdots \text{①} \\ 10x = 9.999\cdots & \cdots \text{②} \end{cases}$$

식 ②에서 식 ①을 빼주면, $9x = 9$, $x = 1$

$$\therefore x = 0.999\cdots = 0.\dot{9} = 1$$

이 외에도 다음과 같은 방법도 있으니 참고하기 바란다.

(1) $1 = \dfrac{1}{3} + \dfrac{1}{3} + \dfrac{1}{3}$

$\quad = 0.333\cdots + 0.333\cdots + 0.333\cdots$

$\quad = 0.999\cdots$

$\quad = 0.\dot{9}$

$\quad \therefore 1 = 0.\dot{9}$

(2) $\dfrac{1}{9} = 0.\dot{1}$

$\quad\quad = 0.1111\cdots$

$\quad \dfrac{1}{9} \times 9 = 0.1111\cdots \times 9$

$\quad 1 = 0.9999\cdots$

$\quad\quad = 0.\dot{9}$

$\quad \therefore 1 = 0.\dot{9}$

지수법칙은 왜 생겨난 거야?

수학 공식이 잘 떠오르지 않거나 헷갈릴 때마다 생강은 그 공식을 생각해낸 사람이 살던 시대로 찾아가 그를 방해한 후 이 암기의 고통에서 벗어나고 말리라 몇 번이고 다짐한다. 물론 생강 스스로 타임머신을 개발하지 못한다면 과거로 돌아갈 방법은 없으니 오늘도 생강은 머리만 쥐어뜯을 뿐이다.

"도대체 왜 이런 공식을 만들어서 사람을 괴롭히는 거냐고오오오오오!"

정말 수학 공식은 우리 머리를 아프게 하기 위해 만들어진 것일까?

생강은 큰 오해를 하고 있다. 구구단이나 지수법칙, 곱셈 공식과 같은 수학 공식들은 엘리베이터가 높은 계단을 대신해 우리에게 편리성을 제공하는 것처럼, 수학을 공부하는 이들에게 편리함을 제공하기 위해 고안

된 것들이다. 물론 엘리베이터 없이도 계단을 이용하면 얼마든지 목적하는 곳에 이를 수는 있다. 하지만 엘리베이터를 이용할 때보다 훨씬 많은 시간과 힘이 소모된다.

수학에서도 마찬가지다. 공식을 이용하지 않더라도 동일한 정답에는 도달할 수 있지만, 공식을 이용하는 쪽이 답을 구하기까지의 시간도 절약하고 계산 실수도 줄일 수 있다.

아, 생강 얼굴이 불퉁하다. 할 말이 있는 모양이다.

"5층 이하의 건물에는 엘리베이터를 설치하지 않잖아?!"

물론 그렇다. 단층짜리 집과 마찬가지로 수학에서도 단순한 것을 해결하기 위해 공식을 이용하지는 않는다. 예를 들어 $7+7$을 계산할 때 굳이 구구단 7×2를 써서 계산하지 않는 것처럼 거듭제곱 $2^3 \times 2^2 = 8 \times 4 = 32$를 계산할 때도 지수법칙 $2^3 \times 2^2 = 2^{3+2} = 2^5 = 32$를 끌어들이지는 않는다. 다만 $9+9+9+9+9$처럼 복잡한 덧셈을 할 때 구구단 $9 \times 5 = 45$를 써서 계산하면 편리하고, 또 $2^{10} \times 2^{10}$을 계산할 때도 $(2 \times 2 \times \cdots\cdots \times 2) \times (2 \times 2 \times \cdots\cdots \times 2)$처럼 풀어서 계산하기보다는 $2^{10} \times 2^{10} = 2^{10+10} = 2^{20}$처럼 지수법칙을 써서 계산하면 훨씬 간편하다.

생강, 이제 간편하게 계산할 수 있도록 도와주는 것이 바로 구구단이나 지수법칙과 같은 공식들임을 알게 됐겠지? 공식 외우기에 인색하지 않기를 바라!

교과 지수법칙 1. $a^m \times a^n = a^{m+n}$

$6+6+6+6+6+6+6=6\times 7=42$처럼 같은 수들의 덧셈을 단 한 번에 계산하게 하는 것이 구구단이고, $5^2 \times 5^3 = 5^5$처럼 거듭제곱을 편리하게 계산하게 하는 것은 지수법칙이다. 구구단이든 지수법칙이든지 간에 계산을 편리하게 해 주는 공식이므로 우선 그 원리를 익힌 다음에는 외워 두어야 한다.

$5^2 \times 5^3$을 5의 거듭제곱으로 간단히 나타내 보자.

$5^2 \times 5^3$에서 5^2은 5를 2번, 5^3은 5를 3번 곱한 것이므로 두 수 5^2과 5^3의 곱은 다음과 같다.

$$5^2 \times 5^3 = \underbrace{(5\times 5)}_{2개} \times \underbrace{(5\times 5\times 5)}_{3개}$$
$$= \underbrace{5\times 5\times 5\times 5\times 5}_{5개}$$
$$= 5^5$$

같은 방법으로 $a^2 \times a^3$을 계산하면 다음과 같다.

$$a^2 \times a^3 = \underbrace{(a\times a)}_{2개} \times \underbrace{(a\times a\times a)}_{3개}$$
$$= \underbrace{a\times a\times a\times a\times a}_{5개}$$
$$= a^5$$

이때 a^5의 지수 5는 a^2과 a^3의 두 지수 2와 3의 합과 같음을 알 수 있다.

지수끼리의 합

$$a^2 \times a^3 = a^{2+3}$$

지금까지의 것을 정리하면 다음과 같은 법칙을 만들 수 있다.

> **지수법칙 1** m과 n이 자연수일 때, $a^m \times a^n = a^{m+n}$이다.

참고로 a^n에서 a는 '밑'이고, n은 '지수'이다. 이때 지수는 곱하는 횟수를 나타낸다.

'a를 n번 곱한다'는 뜻

$$a^n = \underbrace{a \times a \times a \times \cdots \times a}_{n번 곱한다.}$$

이 같은 지수에 대한 개념은 확실하게 알아 두어야 한다. 그래야 2^3을 $2 \times 3 = 6$으로 계산하는 오개념에서 벗어나 $2^3 = 2 \times 2 \times 2 = 8$처럼 바르게 계산할 수 있다.

지수법칙 2. $(a^m)^n = a^{mn}$

$(2^3)^2$을 2의 거듭제곱으로 나타내 보자.

$(2^3)^2$은 2^3을 2번 곱한 것이므로 $(2^3)^2 = 2^3 \times 2^3$이다. 지수법칙 1을 활용하면 $2^3 \times 2^3 = 2^{3+3} = 2^6$이므로 $(2^3)^2 = 2^6$이다. 이때 $(2^3)^2 = 2^6$에서 지수 6은 $(2^3)^2$의 두 지수 3과 2의 곱과 같음을 알 수 있다. 이와 같은 방법으로 생각하면 $(a^2)^3$은 a^2을 3번 곱한 것이므로 다음과 같다.

$$
\begin{aligned}
(a^2)^3 &= a^2 \times a^2 \times a^2 \\
&= a^{2+2+2} \\
&= a^6
\end{aligned}
$$

이때 $(a^2)^3 = a^6$에서 지수 6은 $(a^2)^3$의 두 지수 2와 3의 곱과 같음을 알 수 있다.

지수끼리의 곱
$$(a^2)^3 = a^{2 \times 3}$$

여기까지 정리하면 다음과 같은 법칙을 만들 수 있다.

> **지수법칙 2** m과 n이 자연수일 때, $(a^m)^n = a^{mn}$이다.

 **지수법칙 3.** $a^m \div a^n (a \neq 0)$

$2^5 \div 2^3$, $2^3 \div 2^3$, $2^2 \div 2^4$을 각각 2의 거듭제곱으로 나타내 보자.

$a \div b = \dfrac{a}{b}$임을 이용하여 $2^5 \div 2^3$, $2^3 \div 2^3$, $2^2 \div 2^4$을 각각 계산하면 다음과 같다.

$$2^5 \div 2^3 = \frac{2^5}{2^3} = \frac{2 \times 2 \times 2 \times 2 \times 2}{2 \times 2 \times 2} = 2 \times 2 = 2^2$$

$$2^3 \div 2^3 = \frac{2^3}{2^3} = \frac{2 \times 2 \times 2}{2 \times 2 \times 2} = 1$$

$$2^2 \div 2^4 = \frac{2^2}{2^4} = \frac{2 \times 2}{2 \times 2 \times 2 \times 2} = \frac{1}{2 \times 2} = \frac{1}{2^2}$$

이와 같은 방법으로 생각하면 거듭제곱으로 나타낸 수의 나눗셈은 다음과 같이 3가지의 경우로 나누어 생각할 수 있다.

0이 아닌 수 a에 대하여

$$a^5 \div a^2 = \frac{a \times a \times a \times a \times a}{a \times a} = a \times a \times a = a^3$$

$$a^2 \div a^2 = \frac{a \times a}{a \times a} = 1$$

$$a^3 \div a^5 = \frac{a \times a \times a}{a \times a \times a \times a \times a} = \frac{1}{a \times a} = \frac{1}{a^2} \text{이다.}$$

이때 $a^5 \div a^2 = a^3$의 지수 3은 $a^5 \div a^2$의 두 지수 5와 2의 차와 같음을

알 수 있고, 또 $a^2 \div a^2 = 1$처럼 지수가 같은 거듭제곱의 나눗셈을 하면 그 결과는 1이며, $a^3 \div a^5 = \dfrac{1}{a^2}$에서 분모 a^2의 지수 2는 $a^3 \div a^5$의 두 지수 5와 3의 차와 같음을 알 수 있다.

$$\underset{\text{지수의 차}(m > n)}{a^m \div a^n = a^{m-n}} \qquad \underset{\text{지수의 차}(m < n)}{a^m \div a^n = \dfrac{1}{a^{n-m}}}$$

여기까지 정리하면 다음과 같은 법칙을 만들 수 있다.

> ### 지수법칙 3
>
> $a \neq 0$이고, m과 n이 자연수일 때,
>
> $m > n$이면 $a^m \div a^n = a^{m-n}$
>
> $m = n$이면 $a^m \div a^n = 1$
>
> $m < n$이면 $a^m \div a^n = \dfrac{1}{a^{n-m}}$

교과 **지수법칙 4.** $(ab)^n = a^n b^n$, $\left(\dfrac{a}{b}\right)^n = \dfrac{a^n}{b^n}$ **(단, $b \neq 0$)**

$(2 \times 3)^2$, $\left(\dfrac{2}{3}\right)^3$을 각각 2와 3의 거듭제곱으로 나타내 보자.

$(2 \times 3)^2$은 2×3을 2번 곱한 것이므로

$(2 \times 3)^2 = (2 \times 3) \times (2 \times 3) = (2 \times 2) \times (3 \times 3) = 2^2 \times 3^2$이고

$\left(\dfrac{2}{3}\right)^3$은 $\dfrac{2}{3}$를 3번 곱하는 것이므로

$\left(\dfrac{2}{3}\right)^3 = \dfrac{2}{3} \times \dfrac{2}{3} \times \dfrac{2}{3} = \dfrac{2 \times 2 \times 2}{3 \times 3 \times 3} = \dfrac{2^3}{3^3}$이다.

이와 같은 방법으로 생각하면 $(ab)^3$은 ab를 3번 곱한 것이므로 다음과 같이 나타낼 수 있다.

$$
\begin{aligned}
(ab)^3 &= ab \times ab \times ab \\
&= a \times b \times a \times b \times a \times b \\
&= a \times a \times a \times b \times b \times b \\
&= a^3 \times b^3 = a^3 b^3
\end{aligned}
$$

같은 방법으로 $\left(\dfrac{a}{b}\right)^3 (b \neq 0)$은 다음과 같이 나타낼 수 있다.

$$
\begin{aligned}
\left(\dfrac{a}{b}\right)^3 &= \dfrac{a}{b} \times \dfrac{a}{b} \times \dfrac{a}{b} \\
&= \dfrac{a \times a \times a}{b \times b \times b} = \dfrac{a^3}{b^3}
\end{aligned}
$$

$$(a\,b)^n = a^n b^n \qquad \left(\dfrac{a}{b}\right)^n = \dfrac{a^n}{b^n}$$

여기까지 정리하면 다음과 같은 법칙을 만들 수 있다.

> ### 지수법칙 4
> m과 n이 자연수일 때, $(ab)^n = a^n b^n$, $\left(\dfrac{a}{b}\right)^n = \dfrac{a^n}{b^n}$(단, $b \neq 0$)이다.

 ### 융합 지수법칙이 거듭제곱의 꽃이라고?

만약 구구단이 없다면 5를 10,000번 더하는 데 어느 정도의 시간이 걸릴까? 몇 분은 족히 소요될 것이다.

$$\underbrace{5 + 5 + \cdots\cdots + 5}_{10,000개}$$

하지만 구구단을 이용하면 단 1초도 걸리지 않아 $5 \times 10000 = 50000$이라는 답을 '뿅' 하고 구할 수 있다.

또 거듭제곱의 꽃, 지수법칙이 없다면 $(5^3)^2 \times (5^5)^3$을 계산하는 데 역시 몇 분 내지는 몇십 분이 소요될 것이다.

$$
\begin{aligned}
(5^3)^2 \times (5^5)^3 &= (5^3 \times 5^3) \times (5^5 \times 5^5 \times 5^5) \\
&= \{(5 \times 5 \times 5) \times (5 \times 5 \times 5)\} \\
&\quad \times \{(5 \times 5 \times 5 \times 5 \times 5) \cdots (5 \times 5 \times \cdots)\}
\end{aligned}
$$

이처럼 계산해 나가야 할 테니 시간이 많이 필요할 수밖에 없다. 하지만 지수법칙을 이용하면 $(5^3)^2 \times (5^5)^3 = 5^6 \times 5^{15} = 5^{6+15} = 5^{21}$처럼 아주 간단하게 나타낼 수 있다.

지수법칙은 거듭제곱 10^n이 만들어낸 놀라운 세상 속에서도 요긴하게 쓰인다. 예를 들어 빛이 태양에서 지구까지 오는 데 걸리는 시간을 계산한다고 해보자.

지구와 태양 사이의 거리는 $150,000,000km = 1.5 \times 10^8km$이고 빛의 속도는 $3 \times 10^5km/$초이므로 빛이 태양에서 지구까지 오는 데 걸리는 시간은 (시간)$= \dfrac{\text{(거리)}}{\text{(속도)}}$라는 공식을 기준 삼아 $\dfrac{1.5 \times 10^8}{3 \times 10^5}$(초)임을 알 수 있다.

이때 지수법칙을 이용하여 계산하면 $\dfrac{1.5 \times 10^8}{3 \times 10^5} = \dfrac{1.5}{3} \times \dfrac{10^8}{10^5} = 0.5 \times 10^3$이므로 빛이 태양에서 지구까지 오는 데 걸리는 시간을 8분 20초라고 계산할 수 있게 된다.

이처럼 지수법칙은 거듭제곱을 포함한 수식을 계산하는 데 아주 편리하게 쓰인다.

 ## 교과 지수가 0이거나 음수이면 어떻게 계산하는 거야?

거듭제곱 2^4, 2^0, 2^{-3}에서 지수만을 뚝 떼어 보면 어떤 것은 자연수이고, 어떤 것은 0, 그리고 또 어떤 것은 음수이다. 이때 지수가 자연수인 경우는 별문제 없이 $2^4 = 2 \times 2 \times 2 \times 2 = 16$처럼 계산할 수 있다. 하지만 0인 수, 즉 2^0의 값은? 또 지수가 음의 정수인 수 2^{-3}의 값은 어떻게 구할 수 있을까?

중학교 수학 교과서에 등장하는 지수는 모두 자연수이다. 중학교 교육과정에서는 지수법칙을 다룰 때 0이거나 음수인 지수를 사용하지 않기로 약속했기 때문이다. 하지만 분명 호기심 많은 몇몇 친구들은 의문을 가질 터이니 이참에 중학교 교과과정 너머 지수법칙을 맛보자.

지수가 0인 경우는 이렇다.

$$1 = \frac{2 \times 2 \times 2}{2 \times 2 \times 2} = \frac{2^3}{2^3} = 2^3 \div 2^3 = 2^{3-3} = 2^0 \qquad \therefore 2^0 = 1$$

$$1 = \frac{3 \times 3 \times 3}{3 \times 3 \times 3} = \frac{3^3}{3^3} = 3^3 \div 3^3 = 3^{3-3} = 3^0 \qquad \therefore 3^0 = 1$$

$$\vdots$$

보다시피 어떤 수의 0제곱은 반드시 1이다. 그런데 이때 주의할 점이 하나 있다. 밑이 0이어서는 안 된다는 것이다. $a^0(a \neq 0)$에서처럼 0^0은 예외로 두자고 오래전부터 약속을 해둔 것이다.

왜 0^0은 제외된 것일까? 한마디로 말해서 완벽을 추구하는 수학에서 0^0을 얼마로 정해야 할지 아직 정하지 못했기 때문이다. 이처럼 0^0에 대한 정의는 역사적으로 오랫동안 고민거리가 되고 있다.

지수가 음의 정수인 경우는 어떨까?

$\dfrac{2\times2}{2\times2\times2\times2\times2}$ 를 계산하다 보면 지수가 음수인 경우를 만날 수 있다.

$\dfrac{2\times2}{2\times2\times2\times2\times2}=\dfrac{2^2}{2^5}=2^2\div2^5=2^{2-5}=2^{-3}$ 이니까 말이다.

그런데 이는 $\dfrac{\cancel{2}\times\cancel{2}}{\cancel{2}\times\cancel{2}\times2\times2\times2}=\dfrac{1}{2^3}$ 이다.

따라서 $2^{-3}=\dfrac{1}{2^3}$ 임을 알 수 있다.

이상의 것에서 우리는 $a\neq0$일 때 $a^0=1$이고 $a^{-2}=\dfrac{1}{a^2}$ 임을 알 수 있다.

 융합 ### 지구의 종말은 언제쯤 오는 거야?

2014년, 다시 찾아온 제2의 빙하기에 지구상의 대다수 생명이 멸종된다. 영화 〈설국열차〉의 도입부 시나리오다. 가까운 미래에 일어날지도 모르는 지구 종말, 갑작스레 두려움이 앞선다. 하지만 지구 종말이 그리 쉽게 도래할 것 같지는 않다. 무엇을 근거로 호언장담하느냐고? 비과학적이지만 수학적으로는 재미있는 근거가 있다.

다음의 전설을 살펴보자.

아주 오래전 인도 갠지즈 강 기슭에는 브라만교의 대사원이 있었다. 그 사원에는 세계의 중심을 나타내는 큰 탑이 있었는데, 그 탑 안에는 다이아몬드 막대 3개가 세워져 있었고, 그중 한 개의 막대에는 구멍이 뚫린 64개의 순금 원판이 크기별로 끼워져 있었다.

대사원에는 승려들도 있었다. 사원이 세워진 초기에 그들은 승려로서의 의무를 충실히 수행했다. 밤낮으로 기도하며 정성을 다해 신을 모신 것이다. 하지만 시간이 흐를수록 승려들은 신자들이 바치는 제물에 현혹되어 타락해 갔다. 결국 신이 진노하여 분노의 계시를 내린다.

"너희들은 탑의 원판을 다른 막대에 옮겨야 한다. 단 한 번에 한 장씩 옮기되 절대 작은 원판 위에 큰 원판을 두어서는 안 될 것이다. 64개의 원판이 모두 다른 막대로 옮겨지면 세상에는 종말이 도래할 것이다. 바로 그때 충실한 자는 상을 받을 것이고, 충실하지 못한 자들은 벌을 받을 것이다."

이제 이 전설에 따라 지구 종말의 시기를 예상해 보자.

64개의 원판이 다른 막대기에 다 옮겨지는 날이 종말의 시기라고 적혀 있으니 꼼꼼하게 수학적으로 계산해 보는 것이다. 원판의 이동 횟수를 최소로 한다는 조건하에서 생각해 보자.

하나, 원판의 개수가 1개일 때는?

위 그림에서처럼 단 한 번에 이동할 수 있다.

둘, 원판이 2개일 때는?

위 그림처럼 3번의 이동이 필요하다.

셋, 원판이 3개일 때는?

위 그림처럼 7번의 이동이 필요하다.

그런데 잘 관찰해 보면 원판 2개를 먼저 이동(3번)하고, 맨 아래 원판을 빈 막대에 옮긴 후 다시 2개의 원판을 옮긴다. 따라서 3＋1＋3＝7번이면 된다.

원판이 4개일 경우에는 어떨까?

4개의 원판을 옮길 때는 원판 3개를 먼저 이동(7번)하고, 맨 아래 원판을 빈 막대에 옮긴 후 다시 3개의 원판을 옮겨야 한다. 따라서 7＋1＋7＝15번의 이동이 필요하다.

원판이 5개일 경우에는?

이제는 규칙에 의해 예상이 가능하다. 15＋1＋15＝31, 31번의 이동 후면 원판 5개를 모두 옮길 수 있다.

이런 식으로 원판의 개수를 점점 늘려보면 원판의 개수가 1, 2, 3, 4, 5, 6⋯일 때 이 원판들을 옮기는 데 필요한 최소 횟수는 각각 1, 3, 7, 15, 31, 63⋯임을 알 수 있다. 간단히 정리해 보자.

원판이 1개일 경우 1번, 2^1-1

원판이 2개일 경우 3번, 2^2-1

원판이 3개일 경우 7번, 2^3-1

원판이 4개일 경우 15번, 2^4-1

원판이 5개일 경우 31번, 2^5-1

$\vdots$

이때 수의 배열 1, 3, 7, 15, 31, …은 원판의 개수만큼 2를 거듭제곱한 수보다 1이 모자란 수임을 알 수 있다. 이제 규칙을 발견했으니 원판 64개의 이동 횟수를 구하는 데도 적용시켜 보자.

64개의 원판은 $2^{64}-1$번의 이동으로 다른 막대기로 전부 옮겨진다. 그리고 한 번 이동할 때마다 1초의 시간이 걸린다면 64개의 원판을 이동하는 데 걸리는 시간은 $2^{64}-1$(초)다.

그것이 약 5849억 년!!!

승려들이 쉬는 일 없이 교대로 하루 24시간 실수 없이 원판을 옮긴다고 해도 5849억 년이 걸린단다. 휘유! 천문학자들이 계산한 지구의 나이가 30억 년이므로 믿거나 말거나 지구의 종말이 쉬이 올 것 같지는 않다.

참고로 이 전설을 토대로 19세기에 프랑스 수학자인 에두아르 뤼카 Édouard Lucas가 '하노이의 탑' 퍼즐을 고안했다고 한다.

 ## 교과 문자가 들어 있는 식도 수식처럼 계산할 수 있어

어느 날, 고래에게 물었다.

"이봐 친구, 이 식들을 좀 봐. $-3+7$, $-\frac{1}{2}-\frac{2}{3}$, $2\times\left(-\frac{1}{2}\right)$, $\frac{3}{4}\div(-2)$를 계산할 수 있겠어?"

고래는 콧방귀를 뀌었다.

"이 정도쯤이야! 수끼리 더하고 빼고 곱하고 나누는 건 초딩 때 지겹게 해봤다고!"

수학을 어려워하는 고래치고 대단한 자신감이다. 의기양양한 고래에게 다른 식을 내밀었다.

"그럼 이것들은? $2x+4x$, $3a+5b$, $-15x^3 \div 3x$, $(2a+4b)-(3a-b)$, $(a-2b)^2 \cdots$"

문자를 포함한 식들이었다. 그러자 고래는 금방 울상이 되었다. 문자가 들어간 식을 어떻게 더하고 빼고 곱하고 나눌 수 있는지 알지 못하는 게 분명했다.

물론 수식을 능숙하게 계산한 것처럼 문자를 포함한 식도 얼마든지 계산할 수 있다! 그리고 수 계산이 우리에게 편리함을 제공하는 것처럼 문자와 기호를 포함한 다항식을 계산하는 것도 새로운 결과를 쉽고 정확하게 얻을 수 있어 여러모로 편리하다.

자, 본격적으로 문자를 포함한 식들을 어떻게 더하고, 빼고, 곱하고, 나누는지에 대해 알아보자.

우선 문자를 포함한 식, 곧 다항식은 다음과 같이 분류된다.

다항식 $\begin{cases} \text{일차식: } 2x+3, \cdots \text{(1학년 때 배움)} \\ \\ \quad 3x+4y, a+5b+3, \cdots \text{(2학년에서 배움)} \\ \\ \text{이차식: } 2x^2+x-2, -y^2+1, \cdots \text{(3학년에서 배우게 됨)} \\ \\ \text{삼차식, 사차식, } \cdots \text{고차식: } 4x^3-3x, x^4-1, \cdots \text{(고등 수학)} \end{cases}$

다항식 중에서 미지수가 1개인 일차식 계산은 1학년 과정에서 이미 배운 내용이다. 2학년인 우리 친구들은 $(2a+3b)(5a-b)$, $(3x-y)^2$처럼 미지수가 2개인 다항식 계산을 주로 다루게 되는데, 그러다 보면 이차식도 만나게 된다. 그것들에 대해 꼼꼼하게 알아보자.

교과 문자를 포함한 식을 계산해 봐

$3a \times 4b$, $12x^2 \div 3x$처럼 문자를 포함한 식을 계산해 보자.

$3a \times 4b$는 단항식끼리의 곱셈으로 다음과 같이 계산할 수 있다.

$$
\begin{aligned}
3a \times 4b &= 3 \times a \times 4 \times b \qquad \text{곱셈의 교환법칙}\\
&= 3 \times 4 \times a \times b \qquad \text{곱셈의 결합법칙}\\
&= (3 \times 4) \times (a \times b)\\
&= 12ab
\end{aligned}
$$

결국 계수는 계수끼리, 문자는 문자끼리 계산한다는 것을 알 수 있다.

또 $12x^2 \div 3x$는 단항식끼리의 나눗셈으로 다음과 같이 계산할 수 있다.

$$
12x^2 \div 3x = \frac{12x^2}{3x} = \frac{12}{3} \times \frac{x^2}{x} = 4 \times x = 4x
$$

이것 역시 계수는 계수끼리, 문자는 문자끼리 계산한다. 이처럼 단항식의 곱셈, 나눗셈은 계수는 계수끼리, 문자는 문자끼리 계산해 주면 끝이다.

한편 $(2a+3b)+(5a-b)$, $(3x-y)-(2x+4y)$처럼 문자가 2개인 일차식의 덧셈과 뺄셈은 어떻게 계산해야 할까?

$$(2a+3b)+(5a-b)=2a+3b+5a-b$$
$$=2a+5a+3b-b \quad \text{덧셈의 교환법칙}$$
$$=(2a+5a)+(3b-b) \quad \text{덧셈의 결합법칙}$$
$$=7a+2b$$

$$(3x-y)-(2x+4y)=3x-y-2x-4y$$
$$=3x-2x-y-4y$$
$$=(3x-2x)+(-y-4y)$$
$$=x-5y$$

이것들 역시 위에서처럼 괄호를 풀어 동류항끼리 모아서 계산해 주면 된다. 이때 동류항은 $2a$, $5a$처럼 문자와 차수가 각각 같은 항을 말한다.

지금까지 배운 내용을 한마디로 정리하면? 문자를 포함한 식을 계산할 때는 끼리끼리 더하고 빼고 곱하고 나누면 된다! 잘 기억해 두자.

융합 크리스마스 실 속에 단항식의 곱셈이 있어

매년 연말이 되면 결핵 퇴치 기금을 모으기 위한 크리스마스 실Christmas Seal이 나온다. 크리스마스 실은 영국 산업혁명 이후 결핵이 전 유럽에 널리 퍼지자 어린이를 좋아하는 덴마크 코펜하겐의 우체국 직원 아이날 홀벨Einar Holboell이 결핵 퇴치를 위한 기금 마련을 위해 1904년 세계 최초로 발행하였다.

덴마크와 미국에서 크리스마스 실 운동이 성공을 거두자 곧 스웨덴, 독일 및 노르웨이 등 주변국이 뒤따르고 1915년에는 루마니아에까지 전파되었다고 한다.

우리나라에서는 1932년 캐나나 선교사 셔우드 홀Sherwood Hall이 처음으로 크리스마스 실 운동을 시작하여 1953년 '대한결핵협회'가 창립되면서 본격적으로 크리스마스 실을 만들기 시작했다. 현재까지도 결핵퇴치 운동 재원 마련을 목적으로 매년 발행하고 있다.

손 편지로 소식을 전하던 시절에는 크리스마스 실을 우표 옆에 붙여 희망과 사랑을 표현하기도 했는데, 인터넷의 발달로 손 편지가 사라지다시피 한 요즘에는 크리스마스 실을 모바일 실, 인터넷 실 등으로 변형시켜 시대의 흐름에 발맞추고 있다고 한다.

크리스마스 실은 매년 다른 소재와 디자인으로 발행이 된다. 2009년에는 '피겨스케이팅 선수 김연아', 2011년에는 '뽀로로와 친구들', 또 2012년에는 1억 관중을 돌파한 대중 스포츠 '한국의 프로야구'와 같은 친근한

소재를 크리스마스 실에서 만나볼 수 있다.

크리스마스 실은 12장으로 구성되어 있
는데, 그림 12장의 전체 넓이를 구하는 방
법에 대해서 생각해 보자.

2가지 방법으로 전체 넓이를 구할 수 있
겠다. 12장을 통째 묶어서 넓이를 구하거
나, 각각을 낱개로 생각해 넓이를 구하면
된다. 각각의 방법대로 전체 넓이를 구해
보면 다음과 같다.

〈한국의 프로야구〉

첫째, 크리스마스 실 전체를 생각할 경우 가로, 세로의 길이가 각각 $3a$,
$4b$인 직사각형이므로 크리스마스 실 전체의 넓이는 (가로)×(세로)＝
$3a \times 4b$이다.

둘째, 크리스마스 실을 낱개로 생각할 경우 가로, 세로의 길이가 각
각 a, b인 직사각형이 모두 12장이므로 크리스마스 실 전체의 넓이는
$ab+ab+\cdots+ab=ab \times 12=12ab$이다.

이때 두 방법은 서로 같으므로 $3a \times 4b=12ab$이다.

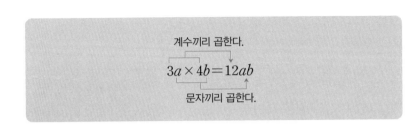

계수끼리 곱한다.

$$3a \times 4b = 12ab$$

문자끼리 곱한다.

이렇게 크리스마스 실에도 단항식 곱셈의 원리가 숨어 있다는 사실을 기억해 두자.

 분배법칙의 원리가 궁금해

가끔 1,000원이면 준비물을 살 수 있을 거라 생각했는데 돈이 부족하거나, 충분한 길이의 끈을 구했다고 생각했는데 약간 모자라서 곤란한 상황에 처할 때가 있다. 이럴 때 우리는 모자라는 부분을 채우기 위해 나름의 방안을 마련하는데, 생강은 다음과 같은 방법을 사용했다.

문서 편집 프로그램을 이용하여 독후감을 쓰고 있던 생강은 자신의 독후감이 A4용지 한 장을 넘어가자 난감해졌다. 딱 한 장 안에 독후감을 써내야 하기 때문이다. 이내 생강은 글씨 크기를 줄여 볼까 하다가 편집용지의 크기를 확대해 보기로 했다. 처음에 설정된 편집용지의 크기는 가로, 세로의 길이가 각각 $2a$, $3a$인 직사각형 모양이었는데, 다음 그림과 같이 가로의 길이를 양쪽으로 b만큼씩 늘려 보기로 했다.

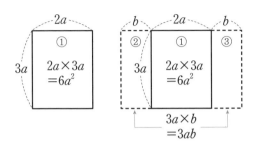

이때 늘리기 전 편집용지의 넓이는 (가로)×(세로)이므로 $2a \times 3a = 6a^2$ 이다. 그렇다면 늘리고 난 뒤 편집용지 전체의 넓이는 어떻게 구할까?

크리스마스 실의 넓이를 계산했던 것처럼 통째로 묶어 계산하거나 낱 낱으로 계산하여 더해 주는 방법이 있는데, 통째로 묶어 계산하면 늘리 고 난 뒤 가로, 세로의 길이가 각각 $2a + 2b$, $3a$이므로 편집용지 전체의 넓이는 $3a(2a + 2b)$이다.

또 낱낱으로 계산하여 더해 주면 편집용지 전체의 넓이는 ①＋②＋③ 이므로 $(2a \times 3a) + (3a \times b) + (3a \times b) = 6a^2 + 3ab + 3ab = 6a^2 + 6ab$이 다. 방법이야 어떻든 두 방법으로 계산한 넓이는 같으므로 $3a(2a + 2b) = 6a^2 + 6ab$임을 알 수 있다. 이 식은 분배법칙을 이용하여 다음과 같이 계 산한 것과 같다.

$$3a(2a + 2b) = (3a \times 2a) + (3a \times 2b) = 6a^2 + 6ab$$

이때 $3a(2a + 2b) = 6a^2 + 6ab$처럼 단항식과 다항식의 곱을 하나의 다항식으로 나타내는 것을 '전개한다'라고 하며, 전개하여 얻은 다항식을 '전개식'이라고 한다. 전개의 기본은 분배법칙임을 꼭 기억해 두자.

$$a(3a-4) \Rightarrow 3a^2-4a$$

이 같은 분배법칙을 정리하면 다음과 같다.

$$m(a+b)=ma+mb, \ (a+b)m=am+bm$$

곱셈 공식의 일등 공신은 분배법칙이야

우리는 앞서 단항식에 다항식을 곱할 때 분배법칙 $m(a+b)=ma+mb$, $(a+b)m=am+bm$이 성립한다는 것을 알 수 있었다. 그렇다면 다항식에 다항식을 곱할 때도 분배법칙을 써서 간단히 할 수 있을까?

다항식의 곱셈 $(a+b)(c+d)$를 전개해 보자. $(a+b)(c+d)$에서 $(c+d)$를 우선 한 문자 A로 놓고 분배법칙을 쓰면 다음과 같다.

$$(a+b)(c+d)=(a+b)A$$
$$=aA+bA$$

이때 A 대신 $c+d$를 돌려 주면 다음과 같다.

$$aA+bA=a(c+d)+b(c+d)$$
$$=ac+ad+bc+bd$$

따라서 $(a+b)(c+d)=ac+ad+bc+bd$이다.

지금까지의 것을 정리하면, 항이 2개인 다항식의 곱은 분배법칙을 이용하여 다음과 같이 전개한다.

$$(a+b)(c+d)=ac+ad+bc+bd$$

이 같은 분배법칙은 곱셈 공식의 뿌리이므로 반드시 기억해 두자.

한편, $(a+b)(c+d)$의 전개 과정을 다음과 같은 그림을 통해서도 확인해 볼 수 있다.

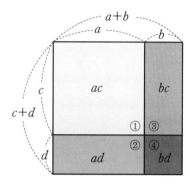

이 직사각형의 넓이를 통째로 생각하면 $(a+b)(c+d)$이고, 낱개로 생각하면 작은 직사각형 ①~④의 넓이의 합 $ac+ad+bc+bd$이다. 따라서 $(a+b)(c+d)=ac+ad+bc+bd$이다.

참고로 다음과 같이 항이 3개 이상인 경우에도 분배법칙을 써서 계산할 수 있다.

$$(a+b+c)(d+e+f)=a(d+e+f)+b(d+e+f)+c(d+e+f)$$
$$=ad+ae+af+bd+be+bf+cd+ce+cf$$

(단항식) × (다항식) ➡ $A \times (B+C) = AB + AC$

(다항식) ÷ (단항식) ➡ $(A+B) \div C = \dfrac{A+B}{C} = \dfrac{A}{C} + \dfrac{B}{C}$

(다항식) × (다항식) ➡ $(a+b)(c+d) = ac + ad + bc + bd$

구구단과 곱셈 공식

"곱셈 공식 같은 걸 대체 왜 만든 거야!?"라고 따져 묻고 싶은 친구가 아직도 있을지 모르겠다. 하지만 수학에서 법칙이나 공식이 만들어진 것은 우리 친구들을 귀찮게 하거나 힘들게 하기 위해서가 아니다. 공식은 복잡한 계산을 쉽고 빠르게 하는 데 그 목적이 있을 뿐이다.

곱셈 공식도 마찬가지다. 분배법칙을 써서 일일이 전개한 후 동류항끼리 모아서 간단히 정리하는 방법도 있지만, 곱셈 공식을 이용하면 계산이 훨씬 쉬워진다.

본격적으로 곱셈 공식에 대해 알아보자. 우선 두 다항식의 곱셈 $(a+b)^2$, $(a-b)^2$을 분배법칙을 이용하여 전개하면 다음과 같다.

$$
\begin{aligned}
(a+b)^2 &= (a+b)(a+b) \\
&= a^2 + ab + ba + b^2 \ (ab=ba : \text{교환법칙}) \\
&= a^2 + 2ab + b^2 \\
(a-b)^2 &= (a-b)(a-b) \\
&= a^2 - ab - ba + b^2 \ (ab=ba : \text{교환법칙}) \\
&= a^2 - 2ab + b^2
\end{aligned}
$$

이때 중간 과정을 생략하고 결과 값만 생각하면 다음과 같은 공식을 얻을 수 있다.

$$(a+b)^2=a^2+2ab+b^2$$
$$(a-b)^2=a^2-2ab+b^2$$

마찬가지의 방법으로 다음과 같은 곱셈 공식이 얻어진다.

$$(a+b)(a-b)=a^2-b^2$$
$$(x+a)(x+b)=x^2+(a+b)x+ab$$
$$(ax+b)(cx+d)=acx^2+(ad+bc)x+bd$$

이상 5개의 곱셈 공식은 구구단을 외우듯 외워 둬야 다항식의 곱셈을 계산하는 데 불편함이 없다. 꼭 암기하도록 하자.

 ## 교과 치환! 너도 참 편리하구나

다항식의 곱셈 $(a+b)(c+d)$를 전개하는 과정을 떠올려 보자. 다항식 $c+d$를 한 문자 A로 놓았었다. $(a+b)(c+d)=(a+b)A$처럼 말이다. 여기서 $c+d$를 문자 A로 바꾸어 표현한 것을 '치환置換'이라고 한다.

때때로 필요에 따라 노랫말을 바꿔 부를 일이 생기는 것처럼, 수학에서도 필요에 따라 복잡한 수식을 하나의 문자나 기호로 바꾸어 치환하는 경우가 종종 있다. 다항식의 곱셈 $(a+b-1)(a+b+3)$에서 $a+b$를 ★로 치환하여 계산해 보자.

$a+b=$★으로 치환하면 $(a+b-1)(a+b+3)=($★$-1)($★$+3)$이다. 이것을 곱셈 공식을 이용하여 전개하면 다음과 같다.

$$(★-1)(★+3)=★^2+2★-3$$

이때 ★를 다시 $a+b$로 돌려주면 다음과 같다.

$$★^2+2★-3=(a+b)^2+2(a+b)-3$$
$$=a^2+2ab+b^2+2a+2b-3$$

따라서 $(a+b-1)(a+b+3)=a^2+2ab+b^2+2a+2b-3$처럼 전개할 수 있다.

아! 분배법칙과 치환을 적절하게 사용하니 다항식끼리의 곱셈을 전개하는 일이 쉬워졌다. 다항식의 곱셈이 영 복잡하다면 적재적소에 치환을 활용해 보자. 풀이가 한결 쉬워질 것이다.

🎯 인도수학의 비밀

인도의 계산법 '베다 수학'이 뜨고 있다. 그 원리를 모르면 마법 같아 보일 정도로 신통방통한 베다 수학은 고대 인도에서 형성돼 발전해 온 수학 체계로, '베다'에 나오는 독특한 계산법과 수학 지식들이 현대 수학 형성에 영향을 미친 것으로 알려져 있다. 또한 인도 베다 수학의 독특하고 혁신적인 계산법이 창의력 향상에 큰 도움을 주는 것으로 알려지면서 관심이 높아지고 있다. 그럼 베다 수학이 어떤 것인지 한 번 살펴보자.

100에 가까운 두 수의 곱 95×97을 인도 계산법으로 계산해 보자.

우선 95와 97을 $95 = 100 - 5$, $97 = 100 - 3$처럼 100을 이용하여 표현한다. 따라서 $95 \times 97 = (100 - 5)(100 - 3)$이 되겠다. 이때 새로 나타난 수 5와 3에 주목하자.

우선 새로 나타난 수 5와 3의 합 8을 100에서 뺀다. 즉 $100 - (5 + 3) = 92$이다. 다음으로 새로 나타난 수 5와 3을 서로 곱한다. 즉 $5 \times 3 = 15$이다.

이쯤 되면 의문이 들 것이다. 95와 97를 마법같이 곱해 주겠다더니 이상한 숫자놀음만 하고 있으니. 하지만! 95×97의 값은 벌써 나왔다!

앞서 구한 두 수 92와 15를 연결하면 나오는 수 9215가 바로 그 값이다. 의심이 든다면 익숙한 방식 그대로 95와 97을 곱해 보자. 참말로 $95 \times 97 = 9215$이다.

다른 수도 해보고 싶다고? 그래 좋다. 98과 93을 인도 계산법으로 곱해 보자. 일단 다항식끼리의 곱셈처럼 식의 형태를 바꾼다.

$$98 \times 93 = (100-2)(100-7)$$

여기서 새로 태어난 수 2와 7을 이용하여 $100-(2+7)=91$과 $2 \times 7=14$, 두 수를 구한다. 그리고 두 수를 이어주기만 하면 끝이다. $98 \times 93 = 9114!!$

정말 신기한 인도 계산법, 그 수학적 원리가 궁금해진다. 이제부터 그 비밀을 파헤쳐 보자.

앞서 예로 들었던 95×97에서 우리는 인도 계산법의 첫 단계로 숫자 100을 이용해 두 숫자를 다시 표현했다. $95 \times 97 = (100-5)(100-3)$, 이런 식으로 말이다. 앗, 그런데 적어 놓고 보니 $(100-5)(100-3)$의 형태가 다항식의 곱셈 $(x-a)(x-b)$과 동일하다. 그렇다면 $(x-a)(x-b) = x^2-(a+b)x+ab$처럼 $95 \times 97 = (100-5)(100-3)$도 전개해 보자.

$$(100-5)(100-3) = \underline{100}^2 - (5+3) \times \underline{100} + 5 \times 3$$

이때 밑줄 그은 2개 항의 공통인 수 100을 묶어 주면 다음과 같다.

$$100^2 - (5+3) \times 100 + 5 \times 3$$
$$= 100\{100-(5+3)\} + 5 \times 3$$
$$= 100 \times 92 + 15$$
$$= 9200 + 15$$
$$= 9215$$

이것을 근거로 인도 베다 수학의 공식이 탄생한 것이다.

$$95 \times 97 = 9215$$
$$(100-5) \quad (100-3)$$

$$5 \times 3 = 15$$
$$100 - (5+3) = 92$$

　　이처럼 인도 계산법의 비밀은 다항식의 곱셈 공식에 있었다. 우리 친구들은 이제 비밀을 알게 되었으니 각자 수학 마법사가 되어 인도 계산법을 접해 보지 못한 친구들을 놀래 주면 어떨까? 물론 인도 계산법이 가능한 것은 다항식의 곱셈 덕분이라는 것도 잊지 말고 알려 주도록 하자. 참, 베다 공식은 곱할 두 수가 100에 가까울 때 주로 쓴다는 것도 잊지 말자.

융합 신기해! 곱셈 공식

　　일의 자리의 수가 5인 두 자리 자연수의 제곱을 아주 빠르게 계산하는 방법이 있다. 다음과 같이 말이다.

$$15 \times 15 = 225$$
$$25 \times 25 = 625$$
$$35 \times 35 = 1225$$
$$45 \times 45 = 2025$$

$$55 \times 55 = 30\boxed{25}$$
$$65 \times 65 = 42\boxed{25}$$
$$75 \times 75 = 56\boxed{25}$$
$$85 \times 85 = 72\boxed{25}$$
$$95 \times 95 = 90\boxed{25}$$

계산 방법은 다음과 같다.

35^2, 즉 $35 \times 35 = 1225$를 계산할 때 다음과 같이 십의 자리 숫자 3에 그것보다 1이 큰 수 4를 곱한 수는 앞에 써주고 그 뒤에 5^2인 25를 써주면 된다.

5의 제곱 25
$$35 \times 35 = 12\boxed{25}$$
3과 3보다 1이 큰 수의 곱,
즉 $3 \times 4 = 12$

아! 매우 간단하다. 번갯불에 콩 볶듯 쉽게 곱할 수 있다니. 이와 같은 간편 계산법의 원리는 또 무엇일까? 눈치 빠른 친구는 벌써 감이 왔겠지만, 그 원리는 인도 계산법과 마찬가지로 곱셈 공식이다.

십의 자리 숫자가 a, 일의 자리의 숫자가 5인 두 자리 자연수는 $10a + 5$이므로 그것의 제곱 $(10a + 5)^2$은 다음과 같이 곱셈 공식을 이용하여 계산할 수 있다.

$$(10a+5)^2 = (10a)^2 + 2 \times 10a \times 5 + 5^2$$
$$= 100a^2 + 100a + 25$$
$$= 100\underline{a(a+1)} + \textcircled{25}$$

이때 $a(a+1)$은 십의 자리 숫자 a와 그보다 1이 큰 수인 $(a+1)$과의 곱 아닌가? 그리고 꽁무니에 있는 25는 5^2으로 고정된 수이고 말이다. 이 같은 원리를 근거로 일의 자리의 수가 5인 두 자리 자연수를 제곱할 때는 십의 자리 숫자와 그보다 1이 큰 수를 곱한 다음 꽁지에 25를 써주기만 하면 된다고 자신 있게 말하는 것이다.

마법 같은 인도 계산법이나 일의 자리의 수가 5인 두 자리 자연수의 제곱을 이처럼 간단하게 계산할 수 있게 한 것은 다름 아닌 곱셈 공식이라는 것! 꼭 이해해 두자.

 교과 노래 가사 바꿔 부르기(노가바)와 대입

'노가바'라고 들어 본 적이 있는가? 풀어 쓰면 '노래 가사 바꿔 부르기'로 노래의 가사를 어떤 목적에 따라 바꿔 부르는 것을 말한다. 선거에서 후보자 홍보용으로 쓰이는 로고송이 그 대표적인 예이다. 우리는 동요 〈퐁당퐁당〉의 가사를 바꿔서 부르며 대입에 대한 개념을 알아보자.

풍당풍당 돌을 던지자 누나 몰래 돌을 던지자

냇물아 퍼져라 멀리 멀리 퍼져라

건너편에 앉아서 나물을 씻는

⬇

풍당풍당 핸드폰을 던지자 친구 몰래 핸드폰을 던지자

수학아 이리와 어서 어서 오너라

중간고사 만점을 가져다 주는

　수학에서도 '노가바'와 마찬가지로 주어진 식의 문자에 다른 식을 대신 넣어 바꿀 수 있다. 이처럼 식의 한 문자에 다른 식을 대신 넣는 것을 '대입代入'이라고 한다. 노래 가사를 바꿔 부르듯 대입을 이용하면 식을 변형할 수 있다. '노가바' 놀이가 기존 가사 대신에 새로운 가사를 넣는 식이라면, 수학에서는 문자 대신에 다른 식을 끼워 넣는다는 차이가 있을 뿐이다.

　원기둥의 부피 내는 공식으로 수학의 '노가바', 즉 대입에 대해 알아보자.

　각기둥이든 원기둥이든 기둥의 부피는 밑넓이와 높이의 곱이므로 원기둥의 부피 V는 밑넓이 S와 높이 h의 곱 $V=Sh$이다. 원기둥의 부피 $V=Sh$에서 S 대신 πr^2으로 바꿔 넣으면 $V=\pi r^2 h$가 된다.

　$y=x+2$일 때, $3x+y-1$은 다음과 같이 x에 관한 식으로 바꿀 수

있다. 대입을 통해 말이다. $y=x+2$를 $3x+y-1$에 대입하면 다음과 같다.

$$3x+y-1=3x+(x+2)-1$$
$$=3x+x+2-1$$
$$=4x+1$$

따라서 다항식 $3x+y-1$은 $4x+1$로 변형된다. 이때 두 식 $3x+y-1$과 $4x+1$을 전혀 다르다고 생각할 수도 있겠지만 $y=x+2$이라는 조건 아래서 두 식은 서로 같다.

 재미있는 등식들

20세기 최고의 물리학자로 알려진 아인슈타인Albert Einstein이 강의를 하고 있을 때의 일이다.

한 학생이 질문을 던졌다.

"선생님! 선생님은 모든 물체 사이에 작용하는 상대성원리도 발견하시고 그것을 수식으로 나타내셨는데, 그렇다면 사람 사이에 오가는 사랑도 방정식으로 표현할 수 있습니까?"

"재미있는 질문이군요. 어디 한 번 시도해 봅시다."

아인슈타인은 이내 칠판에 무언가를 끄적이기 시작했다.

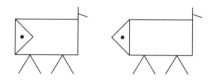

$$L_{ove} = 2\square + 2\triangle + 2V + 8 <$$

(사각형 같은 몸통 2개, 삼각형 얼굴 2개, 꼬리 2개, 다리 8개를 표현한 식)

요상한 그림과 식을 나타내고 나서 그가 설명을 덧붙였다.

"음~ 사랑이란 떠나는 사람은 아쉬운 마음에 자꾸만 뒤를 돌아보고,

남겨진 사람은 안타까운 마음에 계속 연인을 따라가는…… 그런 것이
아닐까요?"

아이슈타인의 사랑에 대한 정의는 우리 친구들이 진짜 사랑을 해봤을
때 다시 되새겨 보기로 하고 다시 수학 이야기로 돌아가 보자.

아인슈타인의 사랑 방정식으로 알려진 $Love = 2\square + 2\triangle + 2V + 8 <$ 은
문자나 기호를 사용하여 나타낸 등식이다. 즉, 어떤 현상을 문자를 사용
하여 등식으로 표현한 것이다.

자! 우리에게 익숙한 식을 살펴보자.

- 아이슈타인의 에너지 방정식 $E = mc^2$ (E는 에너지, m은 질량, c는 빛
  의 속도)
- 섭씨와 화씨온도 사이의 관계식 $C = \dfrac{5}{9}(F - 32)$
- 날씨에 따라서 사람이 불쾌감을 느끼는 정도를 기온 $A\,^\circ\!C$와 습구온
  도 $B\,^\circ\!C$를 이용하여 나타내면 (불쾌지수)$= 0.72(A + B) + 40.6$
- 어린이 약을 처방할 때 쓴다는 카울링의 법칙 $A(x + 1) = 24C$ (단, A
  는 어른 약의 양, x는 어린이 나이, C는 어린이 약의 양)

이것 말고도 참으로 다양하다.
우리 친구들도 어려워하지 말고 주변 현상들을 등식으로 표현해 보자.

융합 건강을 체크해 봐

건강검진을 받기 위해 병원에 가면 가장 먼저 몸무게와 키를 잰다. 무엇 때문일까? 체중과 키가 건강에 미치는 영향이 크기 때문이다. 사람은 키에 어울리는 적당한 몸무게를 가지고 있어야 건강하다. 자신의 키에 비에 몸무게가 너무 많이 나가거나, 또는 너무 적게 나가는 사람은 정상 체중을 가지고 있는 사람에 비해 병에 걸리기 쉽다.

그렇다면 키와 몸무게가 어떤 비율로 어우러져야 건강한 몸이라고 할 수 있는 것일까? BMI Body Mass Index, 즉 신체질량지수를 계산해 보면 키와 몸무게의 비율이 적당한지 아닌지를 잘 알 수 있다. BMI를 구하는 방법은 다음과 같다.

$$신체질량지수(BMI) = \frac{W}{H^2} (단, W는 몸무게, H는 키)$$

등식을 보면 알 수 있겠지만 신체질량지수는 몸무게를 키의 제곱으로 나눈 값이다. 이때 키 H는 m 단위를, 몸무게는 kg 단위를 쓴다.

그렇다면 요즘 다이어트에 열중하고 있는 고래의 신체질량지수를 구해 볼까? 고래는 150cm 키에 48kg의 몸무게가 나간다고 한다. 계산해 보니 그녀의 BMI는 다음과 같다.

$$\text{고래의 BMI} = \frac{48}{1.5^2} \fallingdotseq 21.3$$

그렇다면 BMI가 21.3인 고래의 몸매는 정말 다이어트가 필요할 만큼 통통한 것일까? 보통 BMI 수치가 20 미만일 때를 저체중, 20 이상 24 미만일 때는 정상체중, 25 이상 30 미만은 경도비만, 30 이상인 경우에는 비만으로 본다고 하니 BMI가 21.3인 고래는 지극히 건강한 몸매를 지니고 있다고 할 수 있겠다.

어? 고래 옆에서 지켜보고만 있던 생강이 조심스레 다가와 이야기를 꺼낸다. 하하! 자기는 도저히 몸무게를 공개할 수 없으니 자신의 키에 어울리는 적당한 몸무게를 좀 구해 달란다. 생강의 요구에 딱 맞는 공식이 있다. 바로 브로카 공식이다. 단, 표준 몸무게(W)의 단위는 kg, 키(H)의 단위는 m를 쓴다.

브로카 공식 $W = 90(H-1)$

그럼 $175cm$인 생강에게 알맞은 몸무게는 몇 kg일까?

$$W = 90(1.75 - 1) = 67.5kg$$

이와 같이 브로카 공식은 주어진 키에 적당한 표준 몸무게를 구하는 계산식이다.

생강! 빠른 시일 내에 건강한 몸매를 갖게 되길 바랄게!

자, 우리 친구들도 자신의 키와 몸무게를 이용하여 신체질량지수도 구해 보고, 건강을 위해 어느 정도의 몸무게를 유지해야 하는지도 체크 해 보자. 비만이 건강에 적신호이듯이 저체중 역시 건강 상태를 악화시 킬 수 있다는 사실을 염두에 두고 말이다. 뭐든 적당한 게 좋은 법이다.

등식의 변형은 스타일이야

앞에서 언급했듯이 브로카 공식 $W=90(H-1)$은 키에 어울리는 적 당한 몸무게를 구하는 식이다. 그렇다면 몸무게에 어울리는 키를 구하고 싶을 때는 어떤 식이 좋을까? 브로카 공식 $W=90(H-1)$을 변형하면 된다. H를 W에 관한 식으로 말이다.

우선 브로카 공식 $W=90(H-1)$을 좌변과 우변을 서로 바꾼 다음 정 리하면 다음과 같다.

$$90(H-1)=W$$
$$90H-90=W$$
$$90H=W+90$$
$$\therefore H=\frac{W}{90}+1$$

따라서 몸무게에 어울리는 키의 등식은 $H = \dfrac{W}{90} + 1$이다. 즉 브로카 공식 $W = 90(H-1)$은 몸무게에 관하여 푼 식이고, $H = \dfrac{W}{90} + 1$은 키에 관하여 푼 식으로 두 식은 서로 같은 식이다.

이처럼 등식을 변형하는 것은 옷을 갈아입는 것과 그 원리가 유사하다. 집에서는 편한 옷, 운동할 땐 운동복, 등교할 땐 교복을 입는 등 필요에 따라 옷을 바꿔 입듯 수학에서도 주어진 등식의 모양을 필요에 따라 다양하게 바꾸는 경우가 있다. 이러한 변화를 수학에서는 '등식의 변형'이라고 한다. 그리고 옷차림과 등식의 변형 모두 원판은 변하지 않는다는 공통점을 갖는다.

예를 들어 꼼지샘이 아주 특별한 날을 맞아 탤런트 송미교처럼 옷을 차려입었다고 하자.

그녀가 송미교의 옷을 입었다고 해서 송미교가 될 수 있을까? 무슨 옷을 입더라도 꼼지샘은 꼼지샘일 뿐이다. 등식 또한 마찬가지다. 주어진 등식 $x + y - 3 = 0$을 $x = -y + 3$이나 $y = -x + 3$, $x + y = 3$으로 식을 바꾼다 하더라도 그것들은 모두 같은 등식에 불과하다 .

물론 꼼지샘이 송미교처럼 차려입으면 송미교만큼은 아니더라도 꽤나 아름다워 보이는 것처럼 여러분이 등식의 형태를 자유자재로 바꿀 수 있다면 수학 좀 한다는 평가를 들을 수 있을 것이다.

교과 등식 변형의 일등 공신은 등식의 성질이야

등식의 변형은 식에게 다양한 스타일의 옷차림을 선물하는 것이다. 이러한 등식의 변형의 일등 공신은 누구일까? 답은 '등식의 성질'이다. 등식이 가지고 있는 4가지 성질 말이다.

> 1. 등식의 양변에 같은 수를 더해도 등식은 성립한다.
> 2. 등식의 양변에서 같은 수를 빼도 등식은 성립한다.
> 3. 등식의 양변에 같은 수를 곱해도 등식은 성립한다.
> 4. 등식의 양변을 0이 아닌 같은 수로 나누어도 등식은 성립한다.

이러한 등식의 성질 덕분에 등식의 모양을 자유자재로 바꿀 수 있었던 것이다. 예를 들어 등식 $x+y-3=0$의 스타일을 바꾸고자 할 때 $x+y-3-x=0-x$처럼 등식의 양변에서 똑같이 x를 뺄 수 있는 것은 순전히 등식의 성질 때문이다. 등식의 양변에 같은 수를 빼도 등식은 성립한다는 그 성질 말이다. $x+y-3-x=0-x$를 정리하면 $y-3=-x$ 이다.

또다시 등식의 성질 '등식의 양변에 같은 수를 더해도 등식은 성립한다'에 의해 앞에서 변형된 식 $y-3+3=-x+3$ 또한 성립한다. 이것을 정리하면 $y=-x+3$이다. 이처럼 등식이 갖고 있는 성질 덕분에 등식

$x+y-3=0$은 $y=-x+3$으로 변신할 수 있다.

뿐만 아니라 우리가 생활 속에서 흔히 쓰고 있는 섭씨와 화씨온도를 자유자재로 넘나들어 사용할 수 있는 것도 역시 고마운 등식의 성질 덕분이다. 등식의 성질을 이용하면 화씨온도 $F=\dfrac{9}{5}C+32$를 섭씨온도 $C=\dfrac{5}{9}\times(F-32)$로 바꾸어 표현할 수 있으니까 말이다.

$$F=\frac{9}{5}C+32 \xleftrightarrow[\text{F에 관하여 풀면}]{\text{C에 관하여 풀면}} C=\frac{5}{9}(F-32)$$

이쯤 되면 우리 친구들도 등식 변형의 일등 공신은 등식의 성질이라는 것을 이해했을 것이다.

참고로 기온을 말할 때 우리나라와 중국, 일본, 캐나다에서는 섭씨온도를 사용하고, 미국이나 유럽에서는 화씨온도를 사용한다고 하니 상식으로 알아 두자.

융합 $s=vt$, $v=\dfrac{s}{t}$, $t=\dfrac{s}{v}$는 모두 같은 식이야

우리 친구들 혹시 '거속시'라는 말을 들어 본 적이 있는가? 그리 권장하고 싶지는 않지만 '거리는 속력 곱하기 시간'이라는 공식을 쉽게 외우기 위해 학생들 사이에서 유행하는 암기법이라고 한다. 어쨌든 '거속시'에서 거리는 속력과 시간의 곱으로 (거리)＝(속력)×(시간)이다.

거리를 s, 속력을 v, 시간을 t라고 하면 $s=vt$인 것이다.

이때 $s=vt$는 등식의 성질을 써서 식을 변형할 수 있다.

$s=vt$에서 양변을 각각 시간 t로 나누면 $\frac{s}{t}=v$, 즉 $v=\frac{s}{t}$이다.

또 $s=vt$에서 양변을 각각 속력 v로 나누면 $\frac{s}{v}=t$, 즉 $t=\frac{s}{v}$이다.

정리하면 $s=vt$, $v=\frac{s}{t}$, $t=\frac{s}{v}$이다.

그런데 위 세 식은 무늬만 다를 뿐 모두 똑같은 식이다. 그렇다면 왜 굳이 같은 식을 다른 모양으로 변형해 둔 것일까? 편리성 때문이다. 거리를 구하고 싶을 때는 거리를 앞세운 $s=vt$가 편리하고, 속력이 궁금하면 속력을 앞세운 식 $v=\frac{s}{t}$가, 시간이 궁금하다면 시간을 앞세운 $t=\frac{s}{v}$가 편리하지 않겠는가.

> $s=vt$을 v에 관하여 풀면 $v=\frac{s}{t}$이고, t에 관하여 풀면 $t=\frac{s}{v}$이다.

참고로 속력 v는 velocity, 거리 s는 shifting distance, 시간 t는 time의 머리글자이다. 여기서 velocity는 본래 속력이 아닌 속도를 의미하지만 중학교 과정에서는 속력과 속도를 굳이 구분하지 않고 혼용하여 쓰고 있으니 상식으로만 알아 두자.

방정식과 부등식

미지수가 2개인
연립방정식은 무야?

$x+1=2(y-1)$

÷

$a>b$, $-4<7$, $2x-3\geq7$

둘째 마당

방정식과 부등식

교과 방정식의 종류는 다양해

방정식은 그 종류가 참으로 다양하다. 미지수가 1개인 일차방정식에서 미지수가 2개인 일차방정식이나, 차수가 2차인 이차방정식 등. 그런데 이처럼 여러 방정식이 생겨난 이유는 무엇일까? 우리네 삶의 모습이 다양해진 것처럼 삶의 문제들도 한층 복잡해졌기 때문이다.

보통 실생활 속에서 발생하는 복잡한 문제들은 단순한 사칙연산만으로는 해결이 어렵다. 그래서 미지수를 이용한 방정식을 만들게 되고, 더 나아가 상황에 따라 미지수를 이용한 방정식의 형태를 달리하기 때문에 여러 방정식이 태어나게 되는 것이다.

그럼 가장 단순한 방정식부터 하나씩 예를 들어 다양한 방정식을 두루 살펴보자.

미지수가 1개인 일차방정식이 첫 번째 타자다.

"청계천을 이어주는 22개의 다리 중에서 13개의 다리는 건너봤는데 아직 건너지 못한 다리가 있다. 이때 건너지 못한 다리는 몇 개일까?"

건너지 못한 다리를 x라 하고 방정식을 세우면 $22=13+x$. 일차방정식을 풀면 $x=9$이므로 건너지 못한 다리는 9개이다.

다음은 미지수가 2개인 일차방정식의 예이다.

"700원짜리 공책 몇 권과 1,000원짜리 샤프연필 몇 자루의 값으로 5,500원을 냈다면 공책과 샤프연필을 각각 몇 개씩 산 것일까?"

700원짜리 공책을 x권, 1,000원짜리 샤프연필을 y자루 샀다고 하고 방정식을 세우면 $700x+1000y=5500$이다.

미지수가 2개인 일차방정식을 하나 더 살펴보자.

"1개에 1,500원 하는 아이스크림 x개와 1개에 500원 하는 빵 y개를 합하여 모두 6개를 사고 6,000원을 냈다면 아이스크림과 빵을 각각 몇 개씩 산 것일까?"

아이스크림과 빵을 모두 6개 샀으므로 방정식을 세우면 $x+y=6$이고, 지불한 금액은 6,000원이므로 $1500x+500y=6000$이다. 이것을 간단히 정리하면 다음과 같다.

$$\begin{cases} x+y=6 \\ 1500x+500y=6000 \end{cases}$$

이것의 이름이 '연립방정식'이다. 이때 '연립聯立'은 '잇대어 세운다'는 뜻으로, 두 일차방정식 $x+y=6$과 $1500x+500y=6000$을 어울려 세워서 만든 연립방정식이다. 연립방정식을 풀면 $x=3$, $y=3$이다. 따라서 아이스크림은 3개, 빵은 3개 샀다는 것을 알 수 있다.

지금까지 3종류의 방정식을 살펴보았는데 이 외에도 방정식의 종류는 여럿 있다. 때문에 방정식이란 수학 용어는 우리 친구들이 수학 공부를 하는 내내 끊임없이 만나게 될 것이다.

참고로 '방정식을 세운다'는 것은 일상 언어로 된 긴 문장을 미지수를 사용해 수식과 기호로 간단하게 나타내는 것이다. 이때 수식이나 기호는 일종의 수학 언어이다. 수학 언어는 일상 언어에 비해 아주 간결하다. 따라서 우리 친구들이 말로 된 긴 문장을 수식으로 나타낼 때는 그들 사이의 관계를 잘 파악한 뒤 군더더기는 버리고 핵심만을 골라내야 한다.

 교과 일차방정식의 종류도 다양해

다음 문제를 풀어 보자.

"1학년 총 학생 수가 240명인 중학교가 있다. 남학생 수가 여학생 수보다 50명이 더 많다고 할 때 여학생은 몇 명인지 구하여라."

이때 구하고 싶은 여학생 수를 x명이라 해두면 남학생 수는 $(x+50)$명이다. 식을 세워 풀면 다음과 같다.

$$x+(x+50)=240$$
$$x+x+50=240$$
$$2x+50=240$$
$$2x=240-50$$
$$2x=190$$
$$\therefore x=95$$

여학생은 95명이다. 위 풀이에서 우리는 여학생 수를 x명, 남학생 수는 $(x+50)$명으로 하여 계산했다. 그런데 남학생 수를 y명으로 하여 계산할 수는 없을까? 물론 가능하다. 다음과 같이 말이다.

$$\begin{cases} x+y=240 \\ y=x+50 \end{cases}$$

위와 같은 형태의 식도 연립방정식이고, 이 연립방정식을 풀면 $x=95$, $y=145$이다. 따라서 여학생 수는 95명이고, 남학생 수는 145명이다.

우리의 삶 주변에는 앞서 살펴본 문제에서의 여학생과 남학생처럼 시간과 속력, 개수와 가격 등 2가지 이상의 조건을 고려해야 하는 상황이 많다. 그렇기 때문에 상황에 따라 연립방정식을 세워 푸는 방법을 알아

두면 문제풀이가 한결 편해진다.

참고로 미지수가 2개이지만 연립방정식이 아닌 방정식도 있다. '$2x+y=5$인 자연수를 구하여라'와 같은 문제가 바로 그러한 경우이다.

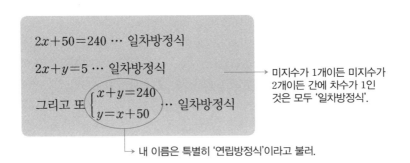

$2x+50=240$ … 일차방정식

$2x+y=5$ … 일차방정식

그리고 또 $\begin{cases} x+y=240 \\ y=x+50 \end{cases}$ … 일차방정식

→ 미지수가 1개이든 미지수가 2개이든 간에 차수가 1인 것은 모두 '일차방정식'.

→ 내 이름은 특별히 '연립방정식'이라고 불러.

교과 **식**은 **하나이고, 미지수가 2개인 일차방정식도 있어**

미지수가 2개인 일차방정식 $2x+y=5$(단, x, y는 자연수이다)의 해
는 어떻게 구할까?

다음과 같은 표를 이용해 보자.

x	⋯	0	1	2	3	4	⋯
y	⋯	5	3	1	−1	−3	⋯

이때 x, y는 자연수이므로 주어진 일차방정식을 참이 되게 하는 x, y
의 값을 순서쌍 (x, y)로 나타내면 $(1, 3)$, $(2, 1)$이다.

이와 같이 x, y에 대한 일차방정식을 참이 되게 하는 x, y의 값 또는
순서쌍 (x, y)를 그 일차방정식의 '해' 또는 '근'이라 하고, 일차방정식의 해
를 모두 구하는 것을 '일차방정식을 푼다'고 한다. 그러므로 주어진 문제에
서 구하는 해는 $(1, 3)$, $(2, 1)$이고, 좌표평면 위에 나타내면 다음과 같다.

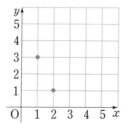

그런데 만약 주어진 문제에서 x, y가 자연수여야 한다는 조건이 사라진다면 어떻게 될까? 다시 말해 '$2x+y=5$의 해는 무엇일까?' 한다면 말이다. $2x+y=5$를 만족하는 x, y의 값은 정수로 그 범위를 한정시킨다 하더라도 무수히 많다. 다음 표와 같이 말이다.

x	$\cdots$	0	1	2	3	4	$\cdots$
y	$\cdots$	5	3	1	-1	-3	$\cdots$

그럼 모든 수를 대상으로 x와 y의 값을 구한다면? 정수로 범위를 한정시켰을 때보다 훨씬 더 많은 답이 가능할 것이다. 모든 수를 대상으로 x와 y의 값이 될 수 있는 수들을 순서쌍으로 해서 그래프를 그려 보자. 다음과 같은 직선이 된다.

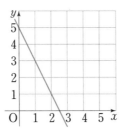

곧 '미지수가 2개이면서 식이 1개인 일차방정식 $2x+y=5$를 만족하는 해는 무수히 많고, 그것을 그래프로 그릴 경우 직선이 된다'라고 정리할 수 있겠다.

참고로 $2x+y=5$처럼 해가 너무 많아서 딱히 하나로 정할 수 없는 방정식을 흔히 '부정방정식'이라고 부른다.

 ## _{교과} 미지수가 2개인 연립방정식은?

다음과 같은 그리스 우화가 있다.

> 노새와 당나귀가 터벅터벅 자루를 운반하고 있다. 짐이 너무 무겁다고 당나귀가 한탄하자 노새가 당나귀에게 말했다.
> "네가 진 짐 중에 한 자루만 내 등에 올려놓으면 내 짐은 네 짐의 배가 되고, 또 내 짐 한 자루를 네 등에 옮기면 나와 너는 같은 수의 짐을 운반하게 되는 거야."

이 우화를 읽고 노새와 당나귀의 짐은 각각 몇 자루인지 알 수 있을까? 우선 노새의 짐의 개수를 x, 당나귀의 짐의 개수를 y라 놓고 생각해 보자.

당나귀가 진 짐 중에서 한 자루를 노새 등에 올려놓으면 노새의 짐은 당나귀가 진 짐의 배가 된다고 하였으므로 이를 x, y에 관한 일차방정식으로 나타낸다.

$$x+1=2(y-1) \cdots ①$$

또 노새의 짐 한 자루를 당나귀 등에 옮기면 노새와 당나귀는 같은 수의 짐을 운반하게 되므로 이를 x, y에 관한 일차방정식으로 나타낸다.

$$x-1=y+1 \cdots ②$$

이때 x, y의 값은 두 일차방정식 ①, ②를 동시에 만족시켜야 한다. 따라서 두 일차방정식을 한 쌍으로 묶어 다음과 같이 나타낼 수 있다.

$$\begin{cases} x+1=2(y-1) \\ x-1=y+1 \end{cases}$$

이와 같이 미지수가 2개인 두 일차방정식을 한 쌍으로 묶어 세워놓은 것을 미지수가 2개인 '연립일차방정식' 또는 간단히 '연립방정식'이라고 한다.

 **연립방정식은 어떻게 풀어?**

일차방정식의 해를 구하는 방법은 여러 가지다. 해가 될 법한 수들을 일일이 대입하여 답을 구할 수도 있고, 등식의 성질이나 이항을 이용하는 방법도 있다. 이렇게 일차방정식의 해를 구하기 위한 방법이 다양한 것처럼 연립방정식의 해 또한 여러 가지 방법으로 구할 수 있다. '가감법', '대입법', '등치법'이 바로 그러한 풀이 방법인데, 본격적으로 각각의

풀이 방법을 알아보기 전에 우선 연립방정식을 푼다는 것의 의미부터 살펴보기로 하자.

앞에서 구한 노새와 당나귀에 관한 연립방정식 $\begin{cases} x+1=2(y-1) \cdots ① \\ x-1=y+1 \quad\ \cdots ② \end{cases}$
을 푼다는 것은 연립방정식을 이루는 두 일차방정식을 동시에 참이 되게 하는 x, y의 값 또는 순서쌍 $(x,\ y)$를 구한다는 것을 의미한다.́ 따라서 다음과 같은 순서로 노새와 당나귀의 짐의 수를 알 수 있다.

우선 다음 표에서처럼 일차방정식 $x+1=2(y-1)$이 참이 되게 하는 x, y의 값을 구한다.

x	1	3	5	7	9	$\cdots$
y	2	3	4	5	6	$\cdots$

그 다음으로는 일차방정식 $x-1=y+1$이 참이 되게 하는 x, y의 값을 구한다.

x	3	4	5	6	7	8	9	$\cdots$
y	1	2	3	4	5	6	7	$\cdots$

이때 일차방정식 ①, ②를 동시에 참이 되게 하는 x와 y의 값은 $x=7$,

$y=5$ 또는 순서쌍 $(7, 5)$이다. 그러므로 노새의 짐은 7자루, 당나귀의 짐은 5자루이다.

이제 본격적으로 연립방정식을 푸는 다양한 방법들을 살펴보자.

 ## 교과 연립방정식을 푸는 방법 : 가감법

첫 번째로 살펴볼 가감법은 연립방정식을 푸는 데 가장 많이 사용되는 풀이 방법이다. 가감법의 기본 원리는 등식의 성질에 있으니 1학년 때 배운 등식의 성질을 상기해 보자.

$A=B$이고 $C=D$일 때 등식 $A=B$의 양변에 같은 수 C를 더해도 등식은 성립하므로 $A+C=B+C$이다. 이때 $C=D$이므로 $A+C=B+D$이다.

같은 방법으로 등식 $A=B$의 양변에 같은 수 C를 빼도 등식은 성립하므로 $A-C=B-C$이다. 이때 $C=D$이므로 $A-C=B-D$이다.

이것을 정리하면 다음과 같다.

$$+ \left) \begin{cases} A=B \\ C=D \end{cases} \right. \qquad - \left) \begin{cases} A=B \\ C=D \end{cases} \right.$$

$$\begin{cases} A=B \\ C=D \end{cases} \text{일 때 } A+C=B+D \text{ 또는 } A-C=B-D$$

곧 두 등식을 변끼리 더하거나 빼도 여전히 등식은 성립한다는 것이다.

이 같은 원리를 이용하여 연립방정식 $\begin{cases} x+3y=8 & \cdots \text{①} \\ 2x-3y=13 & \cdots \text{②} \end{cases}$ 을 풀어 보자.

①, ②의 변끼리 더하면 $3x=21$이므로 $x=7$이다.

이때 $x=7$을 ①에 대입하면 $7+3y=8$, $3y=1$, $y=\dfrac{1}{3}$이다. 따라서 구하는 해는 $x=7$, $y=\dfrac{1}{3}$이다.

이와 같이 연립방정식의 두 일차방정식을 변끼리 더하거나 빼서 한 미지수를 없애는 방법을 '가감법'이라고 한다.

이처럼 미지수가 2개인 연립방정식을 풀 때 두 방정식을 변끼리 더하거나 빼는 이유는 하나의 미지수를 없애기 위해서다. 둘 중에 하나의 미지수를 없애야 다른 하나의 미지수를 구할 수 있기 때문이다. 어쨌든 미지수가 여러 개인 방정식을 풀 때는 가장 먼저 미지수의 개수부터 줄여 나가야 한다. 때문에 가감법을 이용하여 연립방정식을 풀 때는 두 미지수 중 어느 것을 없앨지부터 결정하는 것이 좋다.

참고로 가감법에서 가加는 '더하다'를, 감減은 '빼다'를 의미하고, 또 연립방정식을 풀 때 두 미지수 중 하나를 없애는 것을 그 미지수를 '소거한다'라고 한다. 결국 빼거나 더해서 미지수 하나를 소거하는 방법이 가감법이다.

연립방정식을 푸는 방법 : 대입법

앞서 두 일차방정식을 변끼리 빼거나 더해서 미지수 하나를 소거하는 가감법에 대해 알아보았다.

그렇다면 대입법은 어떤 풀이 방법일까? 대입법은 말 그대로 연립방정식을 풀 때 한 방정식을 다른 방정식에 대입해서 미지수 하나를 소거하는 방법이다.

대입법으로 연립방정식 $\begin{cases} x=2+y & \cdots ① \\ 2y+3x=1 & \cdots ② \end{cases}$ 의 해를 구해 보자.

미지수 x를 소거하기 위하여 ①을 ②에 대입한다.

$$2y+3(2+y)=1$$
$$2y+6+3y=1$$
$$5y=-5$$
$$\therefore y=-1$$

$y=-1$을 ①에 대입한다.

$$x=2+(-1)=1$$
$$\therefore x=1$$

따라서 구하는 해는 $x=1$, $y=-1$이다. 참고로 $x=1$, $y=-1$을 ①, ②에 각각 대입하여 구한 해가 맞는지 확인해 볼 수 있다.

또 앞서 가감법으로 풀었던 연립방정식 $\begin{cases} x+3y=8 & \cdots ① \\ 2x-3y=13 & \cdots ② \end{cases}$을 대입법으로 풀 수도 있다.

대입법으로 풀기 위해서는 우선 한 방정식을 어떤 한 문자에 대하여 정리한 후 다른 방정식의 같은 문자에 대입해야 하므로 ①을 x에 관하여 풀면 $x=-3y+8 \cdots$ ③로 변형해야 한다.

③을 ②에 대입하면 다음과 같다.

$$2(-3y+8)-3y=13$$
$$-6y+16-3y=13$$
$$-9y=-3$$
$$\therefore y=\frac{1}{3}$$

$y=\dfrac{1}{3}$을 ③에 대입하면 $x=-3\times\dfrac{1}{3}+8=7$이다.

따라서 구하는 해는 $x=7$, $y=\dfrac{1}{3}$이다.

사실 연립방정식 $\begin{cases} x+3y=8 \\ 2x-3y=13 \end{cases}$을 푸는 데는 대입법보다는 가감법이 더 편리하다. 곧 연립방정식의 모양에 따라 해를 쉽게 구할 수 있는 풀이 방법이 달라진다는 것이다. 때문에 연립방정식을 풀 때는 한 가지

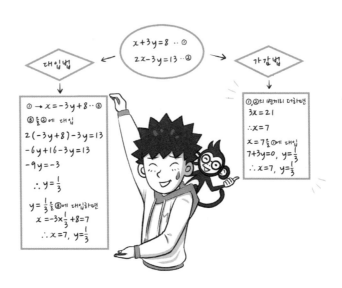

풀이 방법만을 고집할 것이 아니라 연립방정식의 모양에 따라 대입법과 가감법을 적절하게 사용할 줄 알아야 한다. 물론 어떤 방법을 사용하든지 간에 미지수가 2개인 연립방정식을 풀 때는 일단 하나의 미지수를 소거해야만 한다. 이는 연립방정식 풀이의 변하지 않는 핵심이니 잊지 않도록 하자.

연립방정식을 푸는 방법 : 그래프

「함수」편에서 다시 언급하겠지만 우리는 그래프로도 연립방정식의 해를 구할 수 있다.

연립방정식 $\begin{cases} x+y=1 & \cdots ① \\ 2x-y=-4 & \cdots ② \end{cases}$ 를 그래프를 이용하여 풀어 보자.

일차방정식 ①과 ②에서 y를 x에 관한 식으로 나타내면 $x+y=1$은 $y=-x+1$이고, $2x-y=-4$은 $y=2x+4$이므로 두 그래프를 같은 좌표평면 위에 나타내면 다음과 같다.

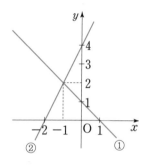

이때 직선 ①, ②는 각각 일차방정식 $y=-x+1$, $y=2x+4$의 해 전체를 좌표평면 위에 나타낸 것이다. 따라서 ①과 ②를 동시에 만족시키는 두 직선 그래프의 교점 $(-1, 2)$는 주어진 연립방정식의 해가 된다.

그런데 불행히도 대부분의 연립방정식은 그래프를 그려 교점의 좌표를 찾기가 쉽지 않다. 교점의 좌표가 분수나 소수일 경우 정확하게 얼마인지 알기내기가 쉽지 않기 때문이다. 때문에 연립방정식의 해를 찾는데 그래프는 권장할 만한 풀이 방법으로 손꼽히지 못하는 것이다. 하지만 그래프가 연립방정식의 해를 구할 수 있는 방법 중 하나라는 점은 기억해 두도록 하자.

 방정식이 방정술에서 태어났다고?

실생활에서 부딪히는 문제들은 미지수가 1개인 일차방정식보다는 좀 더 복잡한 방정식, 예를 들어 연립방정식과 같은 형태를 띠고 있다. 그렇다면 까마득한 옛날 옛적 사람들은 실생활에서 연립방정식과 같은 문제들을 마주했을 때 어떻게 해결했을까? 지금으로부터 약 2,000년 전 중국의 『구장산술九章算術』이라는 책에 등장하는 방법을 살펴보자.

문제는 다음과 같다.

한 마리에 300냥인 소와 250냥인 양을 합해 모두 10마리를 사고, 그 값으로 2,850냥을 내주었다면 소와 양을 각각 몇 마리씩 산 것일까?

여러분이라면 이 문제를 어떻게 해결하겠는가? 소의 수를 x, 양의 수를 y라 해놓고 연립방정식 $\begin{cases} 300x + 250y = 2850 & \cdots ① \\ x + y = 10 & \cdots ② \end{cases}$ 을 세운 뒤 간단히 해결할 수 있을 것이다.

하지만 당시에는 다음과 같은 장방형직사각형 속에 수를 늘어놓는 것으로 문제 풀이를 시작한다.

1	300
1	250
10	2850

어떤 기준으로 늘어놓은 거냐고? x, y의 각 계수와 상수항의 위치가 서로 같게 배치한 것이다. 그리고는 왼쪽 열에 오른쪽 열 300을 곱한다.

$$
\begin{array}{|cc|}
\hline
1 \times 300 & 300 \\
1 \times 300 & 250 \\
10 \times 300 & 2850 \\
\hline
\end{array}
\rightarrow
\begin{array}{|cc|}
\hline
300 & 300 \\
300 & 250 \\
3000 & 2850 \\
\hline
\end{array}
$$

이 과정은 오늘날 우리가 쓰고 있는 가감법에서 x의 계수를 맞추기 위해 300을 곱하는 것과 그 원리가 같다.

$$
\begin{cases} 300x + 250y = 2850 & \cdots \text{①} \\ x + y = 10 & \cdots \text{②} \end{cases}
\rightarrow
\begin{cases} 300x + 250y = 2850 & \cdots \text{③} \\ 300x + 300y = 3000 & \cdots \text{④} \end{cases}
$$

그리고는 왼쪽 열에서 오른쪽 열을 빼준다. 적어도 하나의 수가 0이 되도록 짜 맞춘 것이다.

$$
\begin{array}{|cc|}
\hline
300 - 300 & 300 \\
300 - 250 & 250 \\
3000 - 2850 & 2850 \\
\hline
\end{array}
\rightarrow
\begin{array}{|cc|}
\hline
0 & 300 \\
50 & 250 \\
150 & 2850 \\
\hline
\end{array}
$$

하나의 수가 0이 되었으므로 왼쪽 열에 남아 있는 수 중에서 위에 있는 수 50으로 아래에 있는 수 150을 나누어 $\dfrac{150}{50}=3$을 얻는다. 이 과정 역시 우리가 x항을 소거하기 위해 ④에서 ③을 빼준 뒤 양변을 50으로 나눈 것과 꼭 같다.

$$\begin{cases} 300x+250y=2850 & \cdots\ ③ \\ 300x+300y=3000 & \cdots\ ④ \end{cases}$$

$$④-③에서\ 50y=150,\ y=3$$

이제 미지수 y가 구해졌다. 3마리의 양을 구매한 것이다. 어떤가? 2,000년 전 『구장산술』에서 사용한 방법이나 오늘날 우리가 사용하는 가감법이나 방정식을 푸는 원리는 크게 다르지 않다는 생각이 들 것이다. 『구장산술』에서는 이 같은 풀이 방법을 정방향이나 장방향 틀에 수를 늘어놓고 이리저리 짜 맞추어 계산한다고 하여 '방정술'이라 이름 붙였다. 방정술은 후에 식을 세워 주어진 문제를 풀게 되면서 방정식이라는 이름으로 불리게 되었다고 하니, 방정식의 뿌리는 방정술에 있다고 할 수 있겠다.

교과 예외는 있기 마련이다 1

일반적으로 미지수가 1개인 일차방정식의 해는 1개이다. 하지만 항상 예외는 있기 마련! 일반적이지 않은 경우가 있다. 미지수가 1개인 일차방정식인데도 불구하고 해가 무수히 많거나 아예 없는 경우가 바로 그러한 경우이다.

일차방정식 $0x=0$의 경우 0에 어떤 수를 곱하든지 간에 0이 되므로

x는 모든 수가 된다. 따라서 $0x=0$의 해는 하나가 아니라 무수히 많다.

또 일차방정식 $0x=7$의 경우 0은 어떤 수를 곱하든지 간에 0이 되므로 7은 될 수 없다. 다시 말해서 $0x=7$을 만족하는 x는 존재하지 않는다는 것이다. 따라서 $0x=7$의 해는 없다.

이처럼 미지수가 1개인 일차방정식임에도 불구하고 해가 무수히 많은 경우도 있고, 해가 하나도 없는 경우도 있다. 특히 $0x=0$에서처럼 해가 너무 많아 정할 수 없는 경우를 '부정' 또는 '해가 무수히 많다'라 하고, $0x=7$처럼 해가 하나도 없는 경우를 '불능' 또는 '해가 없다'라고 표현하니 기억해 두도록 하자.

교과 예외는 있기 마련이다 2

미지수가 2개인 연립방정식의 경우에도 예외는 있다. 미지수가 2개인 연립방정식은 일반적으로 한 쌍의 해를 가진다. 하지만 특별한 경우에 연립일차방정식의 해는 무수히 많기도 하고, 반대로 해가 전혀 없기도 한다.

$$\begin{cases} x+y=-3 & \cdots ① \\ 2x+2y=-6 & \cdots ② \end{cases}$$ 의 해를 구해 보자.

x를 소거하기 위하여 ①의 양변에 2를 곱하면 다음과 같이 두 일차방정식은 똑같다.

$$\begin{cases} 2x+2y=-6 \\ 2x+2y=-6 \end{cases}$$

결국 미지수는 2개이면서 식은 하나인 셈이다. 한마디로 부정방정식인 것이다. 따라서 해는 무수히 많다.

그래도 뭔가 의심스럽다면 두 식의 그래프를 각각 그려 교점을 찾아보자.

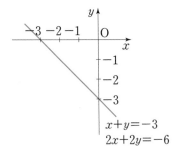

$x+y=-3$

$2x+2y=-6$

아니 이럴 수가! 두 식의 그래프가 일치한다. 결국 자기 직선 위에 있다면 어떤 점이든 두 식의 교점이 될 수 있는 것이다. 이렇게 두 식의 해는 무수히 많다는 결론이 도출된다.

$$\begin{cases} 2x+4y=4 & \cdots ① \\ 2(x+2y)+1=0 & \cdots ② \end{cases}$$ 의 해는 어떨까?

②의 양변을 전개하여 정리하면 다음과 같다.

$$\begin{cases} 2x+4y=4 & \cdots ① \\ 2x+4y=-1 & \cdots ② \end{cases}$$

이때 두 식 ①, ②의 좌변은 $2x+4y$로 똑같은데 우변은 서로 다르다. 헉~ 이럴 수가! 똑같은 식이 4도 되고 -1도 되는 식은 세상 어디에도 없다. 따라서 해는 없다. 역시 믿기지 않는다면 그래프를 이용하여 확인해 보자.

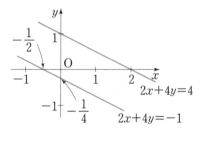

그래프로 그려 놓고 보니 두 직선은 서로 평행하다. 둘은 만날 일이 없는 것이다. 결국 주어진 연립방정식의 해는 없다는 결론이 나온다.

지금까지의 내용을 정리해 보면 다음과 같다.

미지수가 1개인 일차방정식이든 2개인 일차방정식이든 간에 일차방정식의 해는 대부분 하나이지만, 간혹 해가 무수히 많거나 해가 하나도 없는 특수한 경우도 있다는 것이다.

부등식이 뭐야?

자동차가 다니는 도로 곳곳에서 우리는 다음과 같은 교통 안전 표지판을 자주 볼 수 있다.

최저속도제한

최고속도제한

첫 번째 그림은 다른 차에 피해가 가지 않도록 시속 50km 이상으로 달릴 것을 요구하는 표시이고, 두 번째 그림은 과속하면 위험하므로 시속 100km 이하로 달릴 것을 요구하는 표시이다. 이 두 표지판을 수학 기호로 나타낼 수는 없을까? 물론 가능하다. 부등호를 사용하면 어려울 것이 없다.

시속 50km 이상은 $x \geq 50$으로, 시속 100km 이하는 $x \leq 100$으로 나타내면 오케이다! 물론 속도를 x로 뒀을 때의 일이다.

부등호의 쓰임은 이뿐만이 아니다. 영화 관람을 위한 관람 가능 나이나 놀이기구 이용을 위한 적정 키 등을 수학적으로 표현하는 데도 유용하게 쓰인다. 12세 이상은 $x \geq 12$(x=나이), 120cm 이상은 $x \geq 120$(x=키)처럼 말이다.

또 직접 부등호를 써서 특정 대상을 분류하는 경우도 있다. 바람의 분류가 그 좋은 예다. 바람은 바람의 세기 x에 따라 '실바람', '왕바람', '싹쓸바람' 등으로 분류된다. 연기를 보고 바람의 방향을 알 수 있을 정도의 실바람은 그 세기가 $0.3\text{m} \leq x < 1.5\text{m}$이고, 육지의 건물은 크게 부서지고 바다에서는 산더미 같은 파도가 일게 하는 왕바람은 그 세기가 $28.5\text{m} \leq x < 32.6\text{m}$이며, 마지막으로 보기 드문 엄청난 피해를 일으키곤 하는 싹쓸바람은 그 세기가 $32.7\text{m} \leq x$라는 식으로 부등호를 사용해 바람의 세기를 직접 분류한 것이다.

이처럼 수의 한계를 나타내는 '이상', '이하', '미만'과 같은 말 대신에 부등호 $<$, $\leq$, $>$, $\geq$를 써서 나타낸 식을 '부등식'이라고 한다. 즉 부등식이란 $x \geq 12$, $28.5\text{m} \leq x < 32.6\text{m}$처럼 부등호($<$, $\leq$, $>$, $\geq$)를 써서 두 수 또는 두 식의 대소 관계를 나타낸 식의 이름이다.

교과 부등식을 좀 더 친절히

숫자, 문자, 기호를 써서 이들 사이의 수학적 관계를 식으로 나타내면 수식이나 문자식이 되는데, 이 중 수식은 $2+5=7$, $3<6$, …처럼 수를 사용하고, 문자식은 $3x-5=4$, $5x<7$, …처럼 문자를 사용한다. 중학생인 우리 친구들이 접하는 식은 대부분 문자를 사용하므로 문자식에 대해 좀 더 알아보자.

문자식은 크게 등식과 부등식으로 나눌 수 있다. 등식은 등호를 써서 두 수 또는 두 식이 같음을 나타낸 식이고, 부등식은 부등호를 써서 두 수 또는 두 식 중 어느 쪽이 크거나 작음을 나타낸 식이다.

예를 들어 $a=b$, $2+3=5$, $3x-5=7$, …와 같이 등호를 사용한 식은 등식이란 이름으로, $a>b$, $-4<7$, $2x-3\geq7$, …과 같이 부등호를 사용한 식은 부등식이란 이름으로 불린다.

호오, 그렇다면 앞서 배운 일차방정식이나 연립방정식은 어떤 문자식이 되는 것일까? 답은 간단하다. $3x-3=6$과 같은 일차방정식이나 $\begin{cases} x+y=1 \\ 2x-y=-4 \end{cases}$와 같은 연립방정식 모두 등호로 연결되어 있으니 등식에 포함된다. 그리고 앞으로 배울 일차부등식이나 연립부등식은 $3x-3<6$과 $\begin{cases} 3x+6>x \\ -2x\geq x-3 \end{cases}$처럼 부등호로 연결되어 있어 부등식에 포함된다.

그렇다. 방정식_{등식에 포함되는}이냐 부등식이냐를 구분 짓는 결정적 요소는 기호이다. 등호가 있으면 방정식이 되고, 부등호가 있으면 부등식이 되니 말이다.

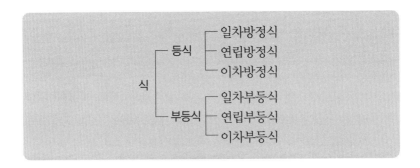

교과 부등식에도 성질이 있다고?

등식에 등식의 성질이 있듯이 부등식에는 부등식의 성질이 있다. 1학년 때 배운 등식의 성질을 떠올려 보자.

> 1. 등식의 양변에 같은 수를 더하여도 등식은 성립한다.
>
> $a=b$이면 $a+c=b+c$이다.
>
> 2. 등식의 양변에 같은 수를 빼도 등식은 성립한다.
>
> $a=b$이면 $a-c=b-c$이다.
>
> 3. 등식의 양변에 같은 수를 곱하여도 등식은 성립한다.
>
> $a=b$이면 $a \times c=b \times c$이다.
>
> 4. 등식의 양변에 0이 아닌 같은 수로 나누어도 등식은 성립한다.
>
> $a=b$이면 $\dfrac{a}{c}=\dfrac{b}{c}$(단, $c \neq 0$)이다.

그렇다면 부등식은 어떤 성질을 가지고 있을까?

> 1. 부등식의 양변에 같은 수를 더하거나 양변에서 같은 수를 빼도 부등호의 방향은 바뀌지 않는다.
>
> $a<b$이면 $a+c<b+c$, $a-c<b-c$이다.

2. 부등식의 양변에 같은 양수를 곱하거나 양변을 같은 양수로 나누
   어도 부등호의 방향은 바뀌지 않는다.

   $a<b$, $c>0$이면 $ac<bc$, $\dfrac{a}{c}<\dfrac{b}{c}$이다.

3. 부등식의 양변에 같은 음수를 곱하거나 양변을 같은 음수로 나누
   면 부등호의 방향은 바뀐다.

   $a<b$, $c<0$이면 $ac>bc$, $\dfrac{a}{c}>\dfrac{b}{c}$이다.

(이때 부등호 $<$, $>$를 부등호 $\leq$, $\geq$으로 바꾸어도 부등식의 성질은 성
립한다.)

적어 놓고 보니 부등식의 성질과 등식의 성질이 참 비슷해 보인다. 게다가 등식과 마찬가지로 부등식에서도 부등호의 왼쪽 부분을 '좌변', 오른쪽 부분을 '우변'이라 하고, 좌변과 우변을 통틀어 '양변'이라고 한다. 하지만 온전히 같은 것은 아니니 주의하도록 하자.

"부등식의 양변에 음수를 곱하거나 음수로 나눌 때는 부등호의 방향이 바뀐다"는 성질은 부등식에만 있는 특별한 성질이기 때문이다.

예를 들어 부등식 $2<5$의 양변에 음수 -2를 곱해 볼까?

$2 \times (-2) > 5 \times (-2)$처럼 부등호의 방향이 반대로 바뀌게 된다. 이처럼 부등식에서는 곱하거나 나누는 수가 음수일 경우에 부등호의 방향이 바뀌게 되므로 계산에 주의해야 할 필요가 있다. 이러한 특별한 성질을

갖는 부등식의 성질을, 곱하는 수가 음수이든 양수이든 상관없이 성립하
는 등식의 성질과 헷갈렸다간 낭패를 보기 일쑤일 테니 말이다.

　어쨌든 등식의 성질을 이용하면 방정식을 간편하게 풀 수 있듯이, 부
등식의 성질을 이용하면 부등식을 간편하게 풀 수 있다. 부등식의 성질!
꼭 기억해 두자.

일차부등식은 어떻게 풀어?

부등식 $3x-1>5$의 양변에서 5를 뺀 다음 정리하면 다음과 같다.

$$3x-1-5>5-5$$
$$3x-1-5>0$$
$$3x-6>0$$

　여기서 $3x-1-5>0$과 $3x-1>5$를 비교했을 때 좌변의 -5는 우변
에 있던 $+5$의 부호를 바꾸어 좌변으로 옮긴 것과 같다. 이렇게 부등식에
서도 부등식의 성질을 이용하면 방정식과 같은 이항이 가능하다.

　자, 이어서 부등식 $3x-6>0$을 살펴보자. 이 부등식의 좌변, $3x-6$은
일차식이다. 이와 같은 부등식, 즉 모든 항을 좌변으로 이항하여 정리한
식이 $ax+b>0$, $ax+b<0$, $ax+b\geq0$, $ax+b\leq0$과 같은 꼴로 변형되

는 부등식을 '일차부등식'이라고 한다. 즉, 일차식이 부등호를 만나면 일차부등식이 되는 것이다. $3x-6>0$는 일차부등식이다. 더 나아가 일차부등식이 연이어 서게 되면 '연립일차부등식', 이차식이 부등호를 만나게 되면 '이차부등식'이 되니 기억해 두자.

예를 들어 $\begin{cases} 3x+6>1 \\ -2x \geq x-3 \end{cases}$ 은 연립일차부등식 또는 간단히 연립부등식이다. 또한 $x^2-9>0$은 이차부등식이다.

이제 일차부등식 $3x-1>5$을 다시 풀어 보자.

좌변의 -1을 우변으로 이항하여 풀면 다음과 같다.

$$3x-1>5$$
$$3x>5+1$$
$$3x>6$$
$$\therefore x>2$$

이와 같이 일차부등식을 풀 때는 일차방정식을 풀 때와 마찬가지로 미지수를 포함한 항은 몽땅 좌변으로, 상수항은 몽땅 우변으로 이항하여 계산하도록 하자.

참고로 부등식의 해 $x>2$는 다음과 같이 수직선 위에 나타낼 수 있다.

부등식의 해는 대부분 범위를 나타내므로 수직선 위에 나타내면 그 해를 좀 더 분명히 파악할 수 있다.

 ## 연립부등식의 해를 구해 봐

방정식에서처럼 2개 이상의 부등식을 한 쌍으로 묶어서 세워 놓은 것을 연립부등식이라 한다고 배웠다.

$$\begin{cases} 3x+6>x \\ -2x \geq x-3 \end{cases}$$

특히 묶인 2개의 부등식이 모두 일차부등식일 경우 연립일차부등식이라고도 한다. 그리고 두 부등식의 공통의 해를 '연립부등식의 해'라고 하고, 연립부등식의 해를 구하는 것을 '연립부등식을 푼다'고 한다.

연립부등식의 해를 구하기 위해서는 두 일차부등식의 해를 각각 구한 다음 그것들의 공통된 부분을 찾아야만 한다. 이 공통 부분은 수직선을 이용하면 쉽게 찾을 수 있으므로 수직선 그리기에 익숙해지도록 하자.

연립부등식 $\begin{cases} 3x+6>x & \cdots ① \\ -2x \geq x-3 & \cdots ② \end{cases}$ 을 풀어 보자.

부등식 ①을 풀면 다음과 같다.

$$3x+6>x$$
$$3x-x>-6$$
$$2x>-6$$
$$\therefore x>-3$$

부등식 ②를 풀면 다음과 같다.

$$-2x \geq x-3$$
$$-2x-x \geq -3$$
$$-3x \geq -3$$
$$\therefore x \leq 1$$

이때 두 부등식을 동시에 만족시키는 공통 부분 x를 구하기 위해 ①과 ②의 해를 각 수직선 위에 나타내면 다음 그림과 같다.

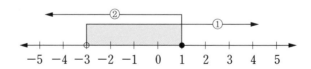

수직선에서 공통 부분은 $-3 < x \leq 1$이므로 주어진 연립부등식의 해는 $-3 < x \leq 1$이다. 이때 해가 $x > -3$인 경우에 -3은 해가 아니므로 ○로 나타내고, 해가 $x \leq 1$인 경우에 1은 해이므로 ●로 나타낸다.

용합 부등식을 배웠으면 활용해 봐

가슴 설레는 수학여행의 첫날이다! 학교 운동장에 삼삼오오 모여 버스 탑승만을 기다리고 있는데 어째 주머니가 허전하다. 아차! 휴대전화를 놓고 왔다는 사실을 깨달았다. 안타까움에 발을 동동 구르며 선생님께 사정을 말씀드리자 버스 출발까지는 1시간의 여유가 있으니 그 전까지 되돌아오는 게 가능하다면 집에 다녀와도 된다고 하셨다. 이제 머리가 정신없이 돌아가기 시작한다.

'학교에서 우리 집까지의 거리가 1시간 안에 다녀올 수 있는 거리였던가?'

자, 수학적으로 계산해 보자. 내 뜀박질의 속도가 시속 6km이고 집에 도착해 엘리베이터를 오르내리고 휴대전화를 챙기는 데 5분이 걸린다면 학교에서 우리 집까지의 거리가 어느 정도여야 1시간 안에 왕복이 가능할까?

이 문제에 답을 구하기 위해서는 부등식을 활용해야 한다. 우선 우리가 알고 싶은 것은 학교에서 집까지의 거리이므로 그 거리를 $x$km라고 하면

학교에서 집까지 뛰어가는 데 걸리는 시간은 $\dfrac{x}{6}$(시간)이고, 왕복으로 오고 가는 데 걸리는 시간은 $\dfrac{x}{6} \times 2$(시간)이 된다. 여기에 엘리베이터를 오르내리고 집에서 휴대전화를 찾는 시간인 5(분), 즉 $\dfrac{5}{60} = \dfrac{1}{12}$(시간)을 더하면 $\dfrac{x}{6} \times 2 + \dfrac{1}{12}$(시간). 즉 휴대전화를 가져오기 위해서는 총 $\dfrac{x}{6} \times 2 + \dfrac{1}{12}$(시간)이 필요하다는 것이다.

그런데 우리에겐 제한시간이 있다! 1시간 이내에 다녀와야 무사히 수학여행 버스에 오를 수 있을 테니 말이다. 이에 따라 부등식을 세워 보자. $\dfrac{x}{6} \times 2 + \dfrac{1}{12} \leq 1$이다. 이 부등식을 풀면 $x \leq \dfrac{11}{4}$이 나온다.

이제 문제의 학생이 무사히 휴대전화를 가지고 버스에 오를 수 있을지가 분명해진다. 학교에서 집까지의 거리가 $\dfrac{11}{4}$km보다 짧거나 같으면 제한시간 내에 집에 다녀올 수 있을 터이니 달리는 수밖에!

융합 연립부등식을 배웠으면 활용해 봐

중학생인 생강은 모처럼 연극을 보러 작은 공연장을 찾았다. 입장하는 순서대로 의자에 앉았는데 한 의자에 4명씩 앉으니 나중에는 총 5명이 자리가 모자라 앉을 수가 없었다. 때문에 다시 자리를 배치해 한 의자에 5명씩 앉았더니 의자 1개가 남아 버렸다. 결국 모든 관객들이 의자에 앉아 관람하기 위해 의자 하나에 5명이 비좁게 앉아 연극을 볼 수밖에 없었지만 호기심 많은 생강은 문득 궁금해졌다.

'이 소극장에는 몇 개의 의자와 몇 명의 관람객이 있는 것일까?'

생강의 궁금증은 연립부등식을 통해 해결 가능하다.

우선 의자 개수만 알면 사람 수는 저절로 알게 되므로 의자의 개수를 x라 하자. 한 의자에 4명씩 앉았을 때 학생 5명이 남았으므로 학생 수는 $(4x+5)$명이다. 또 5명씩 앉았을 때는 의자가 1개 남았으므로 $(x-1)$의 의자에만 사람이 앉았을 것이다.

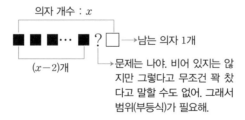

의자 개수 : x

$(x-2)$개

남는 의자 1개

문제는 나야. 비어 있지는 않지만 그렇다고 무조건 꽉 찼다고 말할 수도 없어. 그래서 범위(부등식)가 필요해.

그런데 마지막 의자, 즉 $(x-1)$번째 의자에는 사람이 앉긴 앉았는데

5명이 앉았는지 아니면 혼자 앉았는지 정확히 알 수는 없다. 다만 확실한 것은 1명 이상 5명 이하가 앉았다는 것이다. 해서 그 의자에는 아예 한 명도 앉지 않았다고 생각하고 의자를 하나 더 뺄 경우 $(x-2)$개의 의자에는 5명씩 꽉 차게 앉았을 것이므로 학생 수 $4x+5$는 $5(x-2)$명보다는 많을 것이다. 그리고 또 $5(x-1)$보다는 적거나 같을 것이다. 즉 $5(x-2)<4x+5\leq5(x-1)$이다.

이것은 연립부등식 $\begin{cases} 5(x-2)<4x+5 \\ 4x+5\leq5(x-1) \end{cases}$ 과 같으므로 문제를 풀면 $10\leq x<15$이다.

이때 의자의 개수를 나타내는 x는 자연수이므로 의자는 10, 11, 12, 13, 14(개)일 수 있다. 이때 학생 수는 $4x+5$이므로 의자가 10개일 경우 학생 수는 $4x+5=4\times10+5=45$이므로 같은 방법으로 풀면 학생 수는 45, 49, 53, 57, 61(명)이다.

참고로 연립부등식은 연립방정식과 달리 미지수가 1개일 때 풀이가 가능하다. 따라서 연립부등식을 이용하여 문제를 해결하고자 할 때는 구하고자 하는 것이 여러 개라 하더라도 모두 문자 하나로 나타내야 한다. 때문에 앞의 문제에서 의자의 개수를 x, 학생 수를 y로 해서 연립부등식을 세우면 안 된다.

일차함수

그래프의 기울기가 또 무야?

$y = \frac{1}{2}x - 1$

셋째 마당

일차함수

 교과 $y=ax(a\neq0)$ 꼴이 아닌 일차함수도 있어

문화체육관광부에서 독서실태 조사를 한 적이 있다.

조사 결과 성인의 독서량은 지속적으로 줄어들고 있고, 초·중·고생들의 독서량은 다소 증가세를 보였다고 한다. 특히 초등학생의 경우 독서량이 크게 증가하여 한 학기당 약 30권의 책을 읽는다고 하는데, 이때 건성으로 넘겨서는 안 될 것이 독서량이 많은 학생일수록 '부모님이 자신의 독서에 관심을 보인다'고 답했다는 것이다.

결국 부모님의 책에 대한 관심이 자녀의 독서량에 크게 영향을 미친다는 얘기인데 문득 걱정이 앞선다. 독서실태 조사 결과를 보면 성인의 독서량이 줄어들고 있는데. 이에 따라 부모의 책에 대한 관심도 함께 줄고, 결국에는 아이들의 독서량도 감소해 버리지 않을까 하고 말이다.

어쨌든 이 이야기에서 수학을 배우고 있는 우리 친구들은 함수를 떠올릴 수 있어야 한다. '부모의 책에 대한 관심과 자녀의 독서량'이나 '독서 시간과 읽은 책의 수'와 같은 관계를 떠올려 보자. 하나의 값이 변하면 그 값에 따라 다른 하나의 값도 변한다. 부모의 책에 대한 관심이 상승하면 자녀의 독서량이 늘어나고, 독서 시간이 증가하면 읽은 책의 수가 많아지는 것처럼 말이다. 그렇다. 함수다!

생강과 고래, 둘의 독서 시간과 읽은 책의 수를 따져 보자.

생강은 이틀에 3권 분량의 책을 읽는다고 한다. 믿기지 않는다고? 역시나. 생강, 만화책도 책으로 분류해야 한다고 난리다. 어쨌든 이틀에 3권 분량의 책을 읽는 생강이 x일 간 꾸준히 읽은 책의 총 권수를 y라고 한다면 함수 관계식은 $y = \frac{3}{2}x$가 된다.

반면 고래는 이미 5권을 읽은 상태에서 매일 2권 분량의 책을 읽는단다. 그렇다면 고래가 x일간 열심히 읽은 책의 총 권수를 y라 할 때 x와 y의 함수 관계식은 어떻게 될까? $y = 2x + 5$이다.

이제 함수 관계식만 뚝 떼어 $y = \frac{3}{2}x$, $y = 2x + 5$에 대해서 생각해 보자. $y = \frac{3}{2}x$는 이미 1학년 과정에서 배운 $y = ax(a \neq 0)$ 꼴의 일차함수이다. 그렇다면 $y = 2x + 5$는? 우변의 식 $2x + 5$가 x에 대한 일차식이므로 $y = 2x + 5$ 역시 일차함수이다. 일반적으로 함수 $y = f(x)$에서 y가 x에 대한 일차식 $y = ax + b(a, b$는 상수, $a \neq 0)$ 꼴로 나타내어질 때, y를 x의 '일차함수'라고 한다.

예를 들어 $y=-3x$, $y=\dfrac{1}{2}x-1$, $y=1-0.5x$는 모두 일차함수이다. 하지만 $y=\dfrac{1}{x}$, $y=x^2-2$, $y=2$는 일차함수가 아니다. 참고로 $y=\dfrac{1}{x}$은 분수함수이고, $y=x^2-2$는 이차함수이며, $y=2$는 상수함수이다.

자~ 이제부터 $y=ax\,(a\neq0)$ 꼴이 아닌 일차함수 $y=ax+b\,(b\neq0)$ 꼴에 대해 공부해 보자.

일차함수의 그래프는 모두 직선이야

일차함수 $y=ax$ 꼴의 그래프는 다음 그림과 같이 모두 원점을 지나는 직선임을 1학년 과정에서 배웠다.

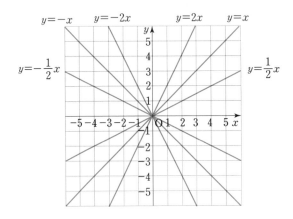

그렇다면 일차함수 $y=2x-1$의 그래프는 어떨까?

x	$\cdots$	-2	-1	0	1	2	3	$\cdots$
y	$\cdots$	-5	-3	-1	1	3	5	$\cdots$

위의 표를 이용하여 순서쌍 (x, y)를 좌표로 하는 점을 좌표 평면에 나타내면 다음 그림과 같다.

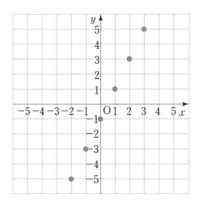

이때 x의 값 사이의 간격을 좀 더 작게 하여 x의 값의 범위를 수 전체로 확장하면 그래프는 결국 다음과 같은 직선이 된다는 것을 짐작할 수 있다.

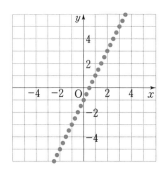 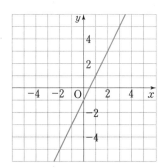

일반적으로 x의 값의 범위가 수 전체일 때 일차함수 $y=ax+b(a\neq0)$ 꼴의 그래프는 직선이 된다. 따라서 $y=ax(a\neq0)$ 꼴이든, $y=ax+b(a\neq0)$ 꼴이든 간에 일차함수의 그래프는 모두 직선이다.

다만 $y=ax(a\neq0)$ 꼴의 경우에는 그래프의 직선이 원점을 지나지만 $y=ax+b(a\neq0,\ b\neq0)$ 꼴의 경우에는 그래프의 직선이 원점을 지나지 않을 뿐이다.

 절편이 뭐야?

'절편截片'에서 '절'은 '끊다'라는 뜻으로, 이 의미에 집중하여 x절편, y절편을 생각해 보자. 곧 x절편은 x축을, y절편은 y축을 끊는 점을 의미한다는 것을 알 수 있을 것이다. 일반적으로 일차함수 $y=ax+b$의 그래프에는 x절편, y절편과 같은 2개의 절편이 있다.

다음 그림에서 x절편은 x축을 끊는 점의 좌표 $(3,\ 0)$에서 x좌표 3이고, y절편은 y축을 끊는 점의 좌표 $(0,\ -2)$에서 y좌표 -2이다.

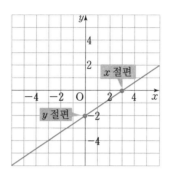

여기서 주목해야 할 것은 그래프가 x축과 만날 때는 y좌표가 0이고, y축과 만날 때는 x좌표가 0이라는 것이다.

따라서 일차함수 $y=ax+b$의 x절편은 $y=0$을 대입하여 구할 수 있고, y절편은 $x=0$을 대입하여 구할 수 있다.

그럼 일차함수 $y=ax+b$의 x절편부터 구해 보자. $y=0$을 대입하면 $0=ax+b$, $x=-\dfrac{b}{a}$이므로 x절편은 $-\dfrac{b}{a}$이다.

또 y절편은 $x=0$을 대입한 $y=a\times0+b$를 거쳐 $y=b$이므로 y절편은 b이다. 간단히 정리하면 일차함수 $y=ax+b$의 x절편은 $-\dfrac{b}{a}$이고, y절편은 b이다.

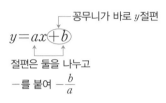

$$y = ax \boxed{+ b}$$

꽁무니가 바로 y절편

절편은 둘을 나누고
$-$를 붙여 $-\dfrac{b}{a}$

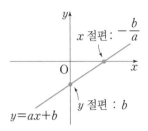

x 절편 : $-\dfrac{b}{a}$

y 절편 : b

$y = ax + b$

 교과 ## 기울기가 뭐야?

도로가 비스듬히 기울어져 있을 때 우리는 흔히 그 도로가 경사졌다고 말한다. 경사진 도로, 즉 경사로에 대해 떠올려 보자. 도로가 기울어진 정도에 따라 경사로를 오르는 데 들어가는 힘의 정도는 크게 달라진다. 때문에 법적으로 규정된 장애인 출입을 위한 경사로는 그 기울기가 $\dfrac{1}{12}$ 이하로 매우 작다.

사다리차

수직거리

수평거리

슬로프

높이

밑변

그렇다면 기울어진 정도, 기울기는 어떻게 계산할 수 있을까?

앞 그림에서 알 수 있듯 기울기는 $\dfrac{(수직거리)}{(수평거리)}$, 다시 말해 $\dfrac{(높이)}{(밑변의 길이)}$로 계산 가능하다.

그렇다면 궁금증이 생긴다. 기울기 $\dfrac{1}{12}$은 어느 정도로 기울어 있을까? 다음 그림과 같이 수직거리를 1로 고정시켜두고 수평 거리를 2배, 3배로 늘려 나가면 기울기 $\dfrac{1}{12}$을 짐작할 수 있다.

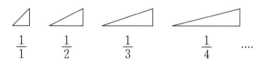

$$\frac{1}{1} \qquad \frac{1}{2} \qquad \frac{1}{3} \qquad \frac{1}{4} \quad ....$$

다시 정리해 보자. 기울기란 직선의 기울어진 정도를 수로 나타낸 것으로 수직거리를 수평거리로 나누어서 구할 수 있다.

다음 그림에는 기울어진 정도에 따른 단계별 기울기가 표시되어 있다.

맨 뒤에 기차가 달리고 있는 철로는 기울기가 0인 평지이고, 그림 ① 은 자전거가 달릴 수 있는 기울기가 아주 낮은 도로이며, 그림 ②는 자전

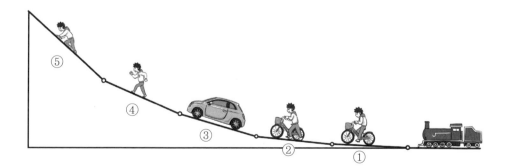

거를 타지 못하고 끌어야 할 정도의 기울기의 도로, 그림 ③은 자동차가 올라갈 수 있는 기울기의 도로, 그림 ④, ⑤는 사람이 오를 수 있는 기울기의 도로이다. 물론 사람은 기울기가 무한에 가까운 수직 암벽을 타기도 하니 ④, ⑤의 기울기 이후로도 수직에 가까운 새로운 기울기를 추가할 수도 있겠다.

 ## 그래프의 기울기는 또 뭐야?

일차함수 $y=\dfrac{1}{2}x-1$의 그래프, 즉 직선의 기울기는 어떻게 구할 수 있을까?

다음 그림처럼 좌표평면 위에 일차함수 $y=\dfrac{1}{2}x-1$의 그래프를 그리고, 그 직선 위에 임의로 2개의 직각삼각형을 그려 보자.

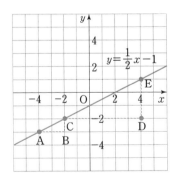

이 두 직각삼각형 ABC, CDE에 대하여 $\dfrac{(높이)}{(밑변의\ 길이)}$를 각각 구하면 $\dfrac{1}{2}$, $\dfrac{3}{6}$이다. 이때 $\dfrac{1}{2}=\dfrac{3}{6}$이므로 두 직각삼각형의 $\dfrac{(높이)}{(밑변의\ 길이)}$의 값은 $\dfrac{1}{2}$로 일정하다. 밑변과 높이를 달리해서 여러 직각삼각형을 그려 봐도 $\dfrac{(높이)}{(밑변의\ 길이)}$의 값은 변함없이 $\dfrac{1}{2}$임을 알 수 있다. 왜 그럴까?

일차함수 $y=\dfrac{1}{2}x-1$에서 x의 값에 대응하는 y의 값을 구하여 대응표를 만들어 보면 다음과 같다.

x	$\cdots$	-4	-2	0	2	4	$\cdots$
y	$\cdots$	-3	-2	-1	0	1	$\cdots$

위의 표에서 x의 값이 변함에 따라 y의 값이 어떻게 변하는가? x의 값이 2만큼 증가하면 y의 값은 1만큼 증가하고, x의 값이 4만큼 증가하면 y의 값은 2만큼 증가한다. 즉 x값의 증가량에 대한 y값의 증가량의 비율은 항상 $\dfrac{(y의\ 값의\ 증가량)}{(x의\ 값의\ 증가량)}=\dfrac{1}{2}=\dfrac{2}{4}=\cdots=\dfrac{1}{2}$로 일정하며, 일차함수 $y=\dfrac{1}{2}x-1$의 x의 계수 $\dfrac{1}{2}$과 같다는 것을 알 수 있다.

일반적으로 일차함수 $y=ax+b$에서 x의 값의 증가량에 대한 y의 값의 증가량의 비율은 항상 일정하며 그 비율은 x의 계수 a와 같다. 이 증가량의 비율 a를 일차함수 그래프의 '기울기'라고 한다.

따라서 일차함수 $y=ax+b$의 그래프에서 기울기는 a이다. 예를 들어 일차함수 $y=-3x+\dfrac{1}{2}$에서 x의 계수 -3은 기울기이고 상수항 $\dfrac{1}{2}$은 y절편이다.

$$y = ⓐx + ⓑ$$
기울기　　y절편

기울기의 깊은 뜻을 아니?

일차함수 $y=2x-3$에서 기울기는 2이다. 기울기 2는 어떤 의미일까?

$(\text{기울기})=\dfrac{(y\text{의 값의 증가량})}{(x\text{의 값의 증가량})}=2$에서 $2=\dfrac{2}{1}$이므로 기울기 2는 x의 값이 1이 증가할 때 y의 값은 2만큼 증가한다는 것을 뜻한다. 따라서 $y=\dfrac{2}{3}x+1$에서 기울기 $\dfrac{2}{3}$는 x의 값이 3 증가할 때 y의 값이 2 증가한다는 것을 의미한다. 또 x의 값이 1 증가할 때, y의 값은 $\dfrac{2}{3}$만큼 증가한다는 뜻도 품고 있다. 비례식 $3:2=1:\square$에서 $\square$는 $\dfrac{2}{3}$이니까.

참고로 $y=-3x+\dfrac{1}{2}$에서 기울기 -3은 $\dfrac{-3}{1}$이므로 x의 값이 1 증가

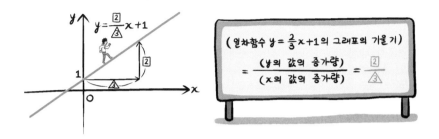

할 때, y의 값은 -3만큼 증가한다. 그런데 한편으로는 음의 부호 $(-)$는 감소를 뜻하므로 '-3만큼 증가한다'는 표현 대신에 '3만큼 감소한다'고 표현해도 무방하다. 즉 1만큼 증가할 때 3만큼 감소한다는 말이나 1만큼 증가할 때 -3만큼 증가한다는 말은 서로 같다.

간단히 정리하면 일차함수 $y = ax + b$의 기울기 a는 $\dfrac{a}{1}$로 바꿀 수 있고, 기울기 $\dfrac{a}{1}$는 x의 값이 1 증가할 때 y의 값은 a만큼 증가한다는 정도가 되겠다.

교과 일차함수 그래프를 그릴 때는 서로 다른 두 점이면 충분해

일차함수 그래프는 직선이므로 서로 다른 두 점의 좌표만 알고 있으면 얼마든지 그래프를 그릴 수 있다. 서로 다른 두 점을 지나는 직선은 오로지 하나뿐이기 때문이다. 직접 확인해 보고 싶은 친구는 서로 다른 두 점을 종이 위에 찍고 반듯한 자를 이용하여 그 두 점을 이어 보라. 그러면

오직 하나의 직선이 그려진다는 것을 알 수 있을 것이다.

그럼 일차함수 $y=2x-4$의 그래프를 서로 다른 두 점을 이용하여 그려 보자. $y=2x-4$의 그래프가 지나는 두 점은 다음 표와 같이 무수히 많다.

x	$\cdots$	-3	-2	-1	0	1	2	3	$\cdots$
y	$\cdots$	-10	-8	-6	-4	-2	0	2	$\cdots$

이 중에서 마음에 드는 것으로 서로 다른 2개의 순서쌍만 골라내면 충분하다. 2개의 순서쌍을 다음 그림과 같이 좌표평면에 나타낸 뒤 그 두 점을 직선으로 이어 주기만 하면 그래프는 완성되기 때문이다.

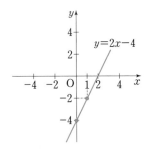

직선 그래프를 그리기 위해서는 반드시 서로 다른 두 점이 필요하다는 것, 잊지 말자. 물론 서로 다른 두 점을 이용하여 그래프를 그리는 것이

일차함수를 그래프로 나타내는 유일한 방법은 아니다. 평행이동을 이용한다거나 x절편과 y절편을 이용할 수도 있고, 기울기와 하나의 점을 이용해서도 일차함수의 그래프를 그릴 수 있기 때문이다.

 **그래프를 그려 봐**

함수의 키워드는 '변화'이다. 함수의 변화를 한눈에 알아볼 수 있도록 해주는 것은 그래프이다. 때문에 함수와 그래프는 뗄래야 뗄 수 없는 밀접한 관계를 맺고 있다. 이런 의미에서 일차함수 $y=2x-4$의 그래프를 다양한 방법으로 그려 보자.

첫째, 평행이동을 이용하여 그린다.

일차함수 $y=2x-4$의 그래프는 $y=2x$의 그래프를 y축 방향으로 -4만큼 평행이동하여 그릴 수 있다.

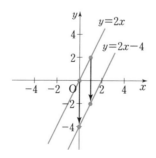

'평행이동'이란 한 도형을 일정한 방향으로, 일정한 거리만큼 옮기는 것을 말한다. "직선도 도형이었나?" 하고 되묻고 싶은 친구가 있을지도 모르겠지만 직선도 도형이다. 도형 안에는 면과 입체뿐만 아니라 점과 선도 포함되어 있다는 사실을 꼭 기억해 두자.

둘째, x절편과 y절편을 이용하여 그린다.

$y=2x-4$의 x절편은 $y=0$일 때의 x의 값이므로 $0=2x-4$, $x=2$이고, y절편은 $x=0$일 때의 y의 값이므로 $y=2\times0-4$, $y=-4$이다. 즉 x절편은 2, y절편은 -4이다. 따라서 $y=2x-4$의 그래프는 (2, 0), (0, -4)를 지나는 직선으로 다음과 같다.

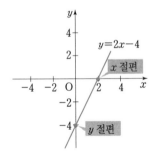

셋째, 기울기와 한 점을 이용하여 그린다.

일차함수 $y=2x-4$는 그 기울기는 2이고 한 점 (0, -4)을 지나므로 다음 그림과 같이 점 (0, -4)에서 x축 방향으로 1만큼, y축 방향으로 2

만큼 이동한 점 (1, −2)를 지나는 직선 그래프로 나타낼 수 있다.

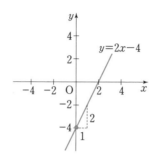

　이제 우리 친구들도 그래프를 그리는 데 한 가지 방법만 고집하지 말고 다양한 방법을 시도해 보자. 함수에선 무엇보다 그래프를 읽고 그리는 것이 중요하기 때문에 그래프를 그리는 다양한 방식에 익숙해질 필요가 있다. 그리고 우리 친구들이 그래프의 달인이 되어 갈수록 함수와의 거리감도 부쩍 줄어들 것이다.

 교과 일차함수 식이 궁금하다고? 몇 개의 조건이면 충분해

　탐정 셜록 홈즈는 소설 속에서 본인의 마법 같은 추리 때문에 곧잘 의심을 받곤 한다. 뒷조사의 결과를 추리로 가장한 것이 아니냐고 말이다. 몇 안 되는 단서로 특정 인물의 직업이라든가 가족관계 등을 속속들이 알아내니 그럴 수밖에! 물론 셜록 홈즈의 추리는 뒷조사의 결과물도 아니고 마법도 아니다. 그는 단지 증거를 가지고 합리적인 추론 과정을 거칠 뿐이다.

우리 친구들도 수학계의 셜록 홈즈가 될 수 있다. 수학적 사고에 능숙해지면 몇 가지 힌트만으로도 간단히 문제를 풀 수 있게 될 테니 말이다. 여기선 일차함수에서의 셜록 홈즈가 되어 보자. 주어진 몇 안 되는 조건으로 본래의 일차함수 식을 도출해 내는 훈련이다.

첫째, 기울기와 절편이라는 딱 2개의 조건만으로 일차함수 식을 구할 수 있다.

기울기가 3이고, y절편이 1인 일차함수 식은?

$y=(기울기)x+(y절편)$이므로 기울기를 x 앞에 갖다 붙이고, y절편은 꽁무니에 붙이면 일차함수식은 $y=3x+1$이다.

둘째, 기울기와 한 점이 주어진 경우에도 일차함수 식을 구할 수 있다.

기울이가 $\frac{1}{2}$이고 한 점 $(4, -2)$를 지나는 일차함수 식은?

기울기를 x 앞에 갖다 붙이면 $y=\frac{1}{2}x+b$이다. 이때 y절편 b를 구하기 위해 주어진 한 점 $(4, -2)$, 즉 $x=4$, $y=-2$를 $y=\frac{1}{2}x+b$에 대입하면 $-2=\frac{1}{2}\times4+b$, $b=-4$이다. 따라서 구하는 일차함수 식은 $y=\frac{1}{2}x-4$이다.

셋째, 서로 다른 두 점이 주어질 경우에도 일차함수 식을 구할 수 있다.

두 점 $(1, -3)$, $(3, 1)$을 지나는 일차함수 식은?

일차함수 식은 $y=ax+b$이므로 주어진 조건을 이용하여 기울기 a와 절편 b를 알아내야 한다.

$(기울기)=\dfrac{(y의\ 값의\ 증가량)}{(x의\ 값의\ 증가량)}$ 이므로 $(기울기)=\dfrac{1-(-3)}{3-1}=\dfrac{4}{2}=2$이다. 따라서 기울기가 2이고, 점 $(3, 1)$을 지나는 일차함수 식이므로 두 번째 방법대로 구하면 $y=2x-5$이다.

교과 **일차함수 $y=ax+b$의 그래프에도 성질이 있다고?**

일차함수 $y=ax+b$의 그래프에도 성질이 있다. 기울기 a에 따라 그래프의 방향이 달라지는 것처럼 말이다.

두 일차함수 $y=2x-4$, $y=-2x-4$의 그래프를 비교해 보면 일차함수 그래프의 성질을 간단하게 파악할 수 있다.

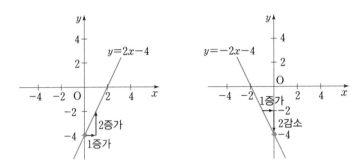

위의 그림에서처럼 기울기가 양수인 $y=2x-4$의 그래프는 x의 값이 증가하면 y의 값도 따라서 증가하므로 오른쪽 위로 향하는 직선이 된다. 하지만 기울기가 음수인 $y=-2x-4$의 그래프는 x의 값이 증가하면 y의 값은 감소하므로 오른쪽 아래로 향하는 직선이 된다.

일반적으로 일차함수 $y=ax+b$의 그래프는 기울기 a가 양수이면 다음 그림처럼 반드시 오른쪽 끝을 올리고, 또 기울기 a가 음수이면 오른쪽 끝을 내린다.

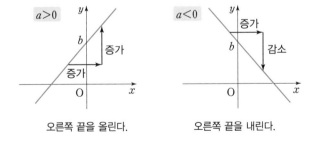

오른쪽 끝을 올린다.   오른쪽 끝을 내린다.

이처럼 기울기 a의 부호에 따라 오른쪽 끝을 올리기도 하고, 오른쪽 끝을 내리기도 하는 것이 일차함수 $y=ax+b$의 그래프의 고집이고 성질이다.

일차방정식과 일차함수, 둘의 관계는?

일차방정식과 일차함수 사이에는 어떤 관계가 있을까?

우선 일차방정식에는 $3x=6$처럼 미지수가 1개인 방정식이 있는가 하면, $2x-y=3$처럼 미지수가 2개인 일차방정식도 있다. 이때 미지수가 x 하나뿐인 일차방정식 $3x=6$은 일차함수 꼴로 나타낼 수 없다. 함수라 하면 반드시 변수가 2개 존재해야 하기 때문이다. x와 y 둘 사이에 x값이 정해지면 따라서 y값이 정해진다는 관계가 있을 때, y는 x의 함수이다. 이처럼 일차방정식 중에는 일차함수의 꼴로 나타낼 수 없는 것들이 있다.

하지만 미지수가 x, y 2개인 일차방정식 $2x-y=3$은 언제든지 일차함수 꼴로 나타낼 수 있다. 일차함수 $y=2x-3$처럼 말이다.

그렇다면 일차함수는 어떨까? 일차함수를 일차방정식의 꼴로 나타낼 수 있을까? 그렇다. 일차함수 $y=3x$, $y=2x-3$을 일차방정식 꼴로 각각 나타내면 $3x-y=0$, $2x-y=3$이다. 이처럼 모든 일차함수는 일차방정식의 꼴로 나타낼 수 있다.

변수 x, y의 값에 따라 참이 되기도 하고 거짓이 되기도 하는 등식으로서, 미지수의 차수가 일차이면 일차방정식이 되기 때문에 일차함수를 미지수가 2개인 일차방정식이라고 생각해도 크게 문제될 것은 없다. 그래서 $ax+by+c=0(a\neq0,\ b\neq0)$ 꼴은 미지수가 2개인 일차방정식, $y=-\dfrac{a}{b}x-\dfrac{c}{b}(a\neq0,\ b\neq0)$ 꼴은 일차함수라고 구분 짓고 있다.

참고로 일차방정식 $ax+by+c=0(a\neq0,\ b\neq0)$을 y에 관하여 풀면 다음과 같이 일차함수 꼴 $y=-\dfrac{a}{b}x-\dfrac{c}{b}$로 나타낼 수 있다.

$ax+by+c=0$(y항을 제외한 나머지 항을 모두 우변으로 이항한다.)

$by=-ax-c$(양변을 b로 나눈다.)

$y=\dfrac{-ax-c}{b}$

$y=-\dfrac{a}{b}x-\dfrac{c}{b}$

지금까지의 것을 정리하면 다음과 같다.

일차방정식		일차함수
$ax+by+c=0(a\neq0,\ b\neq0)$	$\rightleftharpoons$	$y=-\dfrac{a}{b}x-\dfrac{c}{b}(a\neq0,\ b\neq0)$

이 둘은 어디까지나 같은 식이라는 것을 꼭 기억해 두자.

직선과 함수의 만남, 그것의 이름이 해석기하야

다음 그림과 같은 세 직선의 다른 점은 무엇일까? 직선을 선분으로 생각해도 무방하다.

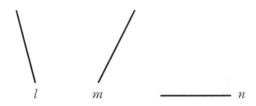

위 직선들을 '도형'이라는 틀에 가둬 두고 관찰할 경우에는 서로 다른 점을 찾기가 쉽지 않다. 하지만 다음과 같이 선분을 좌표 안에 집어넣어 보자.

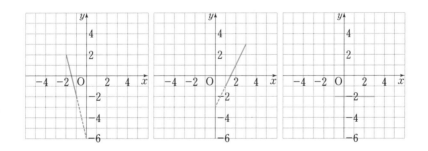

직선을 좌표 안에 넣어 보니 세 직선은 순서대로 함수 식 $y=-4x-6$, $y=2x-3$, $y=-2$로 구분되고, 직선의 기울기 등에 의해 차이점을 가

지게 된다. 함수식, 기울기, 더 나아가서는 세 직선이 서로 만날 수 있는지의 여부까지 알 수 있게 되는 것이다. 이는 순전히 직선에 좌표 옷을 입힌 덕분이다.

이와 같이 도형에 함수 옷을 입혀서 추가적으로 많은 것을 알 수 있도록 하는 것이 '해석기하'이다. 즉 기하와 대수의 만남이 해석기하인 것이다. 낯선 개념의 출연에 벌써 몇몇 친구들이 어깨를 움츠리고 있는 것이 보이는데, 쫄지 말자! 해석기하라는 어려운 이름만 사용하지 않았을 뿐 여러분은 이미 해석기하를 공부한 바 있다.

미지수가 2개인 직선의 방정식 $ax+by+c=0(a\neq0,\ b\neq0)$을 일차함수 $y=-\dfrac{a}{b}x-\dfrac{c}{b}(a\neq0,\ b\neq0)$ 꼴로 고쳐 그래프를 그린 뒤 그것들의 성질을 공부한 적이 있지 않은가? 그것이 바로 해석기하이다.

참고로 대수와 기하에 대해 간략히 알아보자.

대수는 '대수학'의 줄임말로 방정식, 부등식, 함수식 같은 다양한 것들을 연구하는 학문이고, 기하는 '기하학'의 줄임말로 원, 다각형, 다면체, 회전체 등과 같은 도형을 연구하는 학문이다.

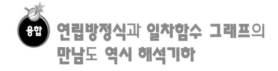

연립방정식과 일차함수 그래프의 만남도 역시 해석기하

연립방정식의 해를 구할 때 우리는 주로 대입법이나 가감법을 썼다.

여기에 또 하나의 방법을 추가하자. 앞서 얘기했듯이 연립방정식의 해는 그래프를 이용해서도 구할 수 있다.

연립방정식 $\begin{cases} 2x+y=3 \\ x-y=3 \end{cases}$ 의 해를 그래프를 이용하여 구해 보자.

주어진 연립방정식을 y에 대한 식으로 나타내면 $\begin{cases} y=-2x+3 \\ y=x-3 \end{cases}$ 처럼 2개의 일차함수로 변신하는데 이것을 그래프로 나타내면 다음과 같다.

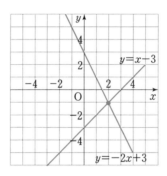

이때 두 일차함수의 그래프의 교점의 좌표 $(2, -1)$은 두 일차방정식 $2x+y=3$과 $x-y=3$의 공통 해이다. 그러므로 연립방정식 $\begin{cases} 2x+y=3 \\ x-y=3 \end{cases}$ 의 해는 $(2, -1)$이다. 따라서 다음과 같이 정리할 수 있다.

첫째, 연립방정식의 해는 두 일차함수 그래프의 교점의 좌표와 같다. 이 부분에서 우리 친구들이 방정식과 함수를 한 몸으로 생각해도 무방하겠다.

둘째, 연립방정식의 각 방정식을 그래프로 그렸을 때 두 직선이 한 점에서 만나면 연립방정식의 해는 하나이고, 두 직선이 평행하면 연립방정식의 해는 없으며, 두 직선이 일치하면 연립방정식의 해는 무수히 많다.

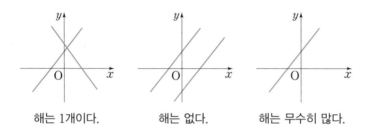

| 해는 1개이다. | 해는 없다. | 해는 무수히 많다. |

이처럼 그래프를 그려 연립방정식의 해를 구하는 것, 즉 연립방정식에 함수의 옷을 입히는 것 역시 해석기하이다.

 목둘레와 허리둘레, 그 속에 일차함수가 있어

목둘레의 2배는 곧 허리둘레라는 것, 사람의 키는 정강이뼈나 넙다리뼈의 길이를 통해서도 알 수 있다는 것을 『중1이 알아야 할 수학의 절대지식』에서 언급한 바 있다. 기억하는 친구가 있길 바란다!

어쨌든 허리둘레는 목둘레와 상관이 있고, 대퇴골이라고 불리는 넙다리뼈의 길이는 사람의 키와 상관이 있다. 이 말은 곧 목둘레가 늘어나면 허리둘레가 늘어나고, 넙다리뼈가 길어지면 사람의 키도 함께 커진다는 말과 같다.

그렇다. 목둘레와 허리둘레, 그리고 넙다리뼈와 키는 서로 함수관계에 있는 것이다. 변하는 두 양 사이에서 하나가 변할 때, 다른 하나도 따라서 변하는 둘 사이의 함수 관계 말이다. 이러한 둘 사이의 관계를 식으로 나타내 보자.

사람의 허리둘레(w)는 목둘레(n)의 2배이다. 따라서 $w = 2n$이다.

사람의 키(h)는 넙다리뼈 길이(f)의 2.2배보다 69센티미터가 더 길다. 따라서 키 $h = 2.2f + 69$이다.

이것들을 그래프로 나타내면 각각 다음과 같다.

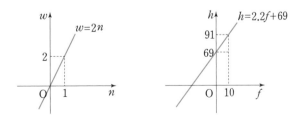

참고로 $w=2n$에서 w는 n의 일차함수이고, $h=2.2f+69$에서 h는 f의 일차함수이다.

귀뚜라미 울음소리로 온도를 알 수 있다고?

귀뚜라미에 대한 다음 6개의 보기가 있다.

① 변온동물이다?
② 여름에 비해 가을에 더 처량하게 운다?
③ 다리로 날개를 비벼 소리를 낸다?
④ 양쪽 날개끼리 비벼 소리를 낸다?
⑤ 울음소리로 주변 온도를 알 수 있다?
⑥ 울음소리는 암컷이 수컷을 유인하는 소리다.

이제 6개의 보기 중에서 틀린 것을 모두 찾아보자. 정답은? ③과 ⑥이다. ③, ⑥을 제외하면 모두 맞는 소리로 귀뚜라미는 양쪽 날개를 비벼 소리를 내고, 수컷이 암컷을 유인하거나 경쟁자를 물리칠 때 큰 소리로 운다고 한다.

그렇다면 정말 귀뚜라미의 울음소리로 온도를 측정할 수 있을까?

미국의 과학자 아모스 돌베어Amos Dolbear는 1897년 『아메리칸 내처럴 리스트American Naturalist』란 학술지에 '온도계 구실을 하는 귀뚜라미'란 제목으로 한 논문을 발표했다. 그는 이 논문에서 귀뚜라미가 1분 동안 울음소리를 낸 횟수를 x, 화씨온도를 y라고 할 때 관계식 $y=\frac{1}{4}x+40$을 통해 주변의 대략적인 화씨온도를 알아낼 수 있다는 점을 밝혀냈다. 물론 귀뚜라미 종의 차이를 간과할 수는 없지만 미국에 주로 서식하는 귀뚜라미의 경우에는 1분 동안 우는 횟수를 4로 나눈 뒤 40을 더하면 그 주변의 화씨온도를 구할 수 있다는 것이다.

돌베어는 어떻게 귀뚜라미와 온도에 관한 일차함수 관계식 $y=\frac{1}{4}x+40$을 알아낼 수 있었을까? 우리 스스로가 돌베어가 되어 그의 행적을 따라가 보자. 일단 초시계를 들고 귀뚜라미 곁으로 다가간다. 그리고 15초 동안 귀뚜라미가 몇 번 우는지 셈하면서 당시의 온도를 정확히 측정한다. 측정의 결과는 다음과 같은 조사표로 적어 둔다.

1분 동안의 울음소리 x(회)	0	20	40	60	80	100
화씨온도 $y(^\circ\mathrm{F})$	40	45	50	55	60	65

그러고는 다음과 같은 대략적인 그래프를 그리지 않았을까? 그래프를 그리면 변화의 추이를 쉽게 알아볼 수 있을 테니 말이다.

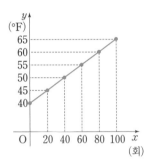

그래프로 그리고 보니 귀뚜라미 울음의 횟수와 온도가 규칙적으로 변화하고 있음이 한눈에 보인다. 이 시점에서 돌베어는 '옳거니! 온도가 높을수록 날개를 비비는 속도가 빨라지는 구나!' 하고 무릎을 쳤을 것이다.

여기까지가 과학자가 실험으로 얻어낸 자료들이라면 이제 수학의 도움이 필요하다. 표와 그래프를 통해 돌베어는 울음소리의 증가량에 대한 화씨온도 증가량의 비율이 $\dfrac{45-40}{20-0}=\dfrac{50-45}{40-20}=\dfrac{5}{20}=\dfrac{1}{4}$로 일정하고 그래프의 점 (0, 40)을 지난다는 것을 알아냈으니 자연스레 함수식이 만들어진다.

이때 x(회)일 때 $y°$F라고 하면 x와 y 사이에는 기울기 $a=\dfrac{(y의 \ 증가량)}{(x의 \ 증가량)}=\dfrac{1}{4}$이고, y절편 b는 40이므로 일차함수 식을 구하면 짜잔 $y=\dfrac{1}{4}x+40$!

아름답다! 과학과 수학의 만남!

이제 보기 ②번의 내용에 수긍이 간다. 온도가 낮아질수록 날개를 비벼대는 속도가 느려진다고 하니 여름보다 가을에 귀뚜라미 소리가 더 처량하게 들리는 게 당연할 터다. 아, 귀뚜라미는 자연의 온도계로구나!

높은 산에 오를 때는 따뜻한 옷을 챙겨 가

더운 여름날이라도 높은 산에 오를 때는 반드시 겉옷을 챙겨 가야 한다. 어째서일까? 지면으로부터의 높이가 높아질 때마다 기온은 도리어 내려가기 때문이다. 일반적으로 지면에서부터 높이가 1km씩 높아질 때마다 기온은 6℃씩 내려간다고 한다. 때문에 지리산 천왕봉에 오르겠다는 사람이 30℃를 넘나드는 서울의 온도만을 생각하고 얇은 옷만 챙겨 갔다간 낭패를 보기 십상이다.

그렇다면 지리산 평지의 기온이 30℃일 때 지면으로부터 약 1,900미터 높이에 있는 천왕봉의 기온은 어떻게 될까? 지면에서부터 높이가 $x$km인 곳의 기온을 y℃라고 할 때 높이가 1km 높아질 때마다 기온이 6℃씩 내려가므로 높이가 $x$km인 곳의 기온은 평지보다 $6x$℃만큼 낮아진다. 따라서 평지의 기온이 30℃일 때 높이가 $x$km인 곳의 기온은 $30-6x$이므로 x와 y 사이의 관계식은 $y=30-6x$이다.

우리는 여기서 높이와 기온이 일차함수의 관계에 있다는 것을 알 수 있다. $y=30-6x$에서 천왕봉의 높이 $x=1900m=1.9km$이므로 $y=30-6×1.9=30-11.4=18.6℃$이다. 즉 천왕봉에서의 기온은 평지보다 11.4℃가 낮은 18.6℃인 것이다. 그러니 얇은 옷으로는 체온을 유지할 수 없다. 여벌로 겉옷을 하나 챙겨야 할 이유가 여기 있다.

참고로 높이에 따라 달라지는 기온의 차이를 이용해 농산물을 재배하기도 한다. 강원도 고지대에서는 여름 날씨에도 불구하고 고랭지 배추를 재배하는가 하면, 광주 무등산에서는 무등산 수박을 재배하여 큰 인기를 끌고 있다. 여름에는 저온성 채소의 재배가 어려운 점을 감안하면 고랭지 배추나 무등산 수박은 높이의 덕을 톡톡히 보고 있는 셈이다.

같지만 다른 표현, 섭씨와 화씨

섭씨와 화씨는 같은 온도의 다른 표현이다. 섭씨온도는 물의 어는점을 0℃, 끓는점을 100℃로 하여 그 사이의 온도를 100등분한 것이고, 화씨온도는 물의 어는점을 32℉, 끓는점을 212℉로 하여 그 사이의 온도를 180등분한다는 차이점만이 있을 뿐이다. 때문에 섭씨 0℃는 화씨 32℉로, 섭씨 100℃는 화씨 212℉로 바꾸어 말할 수 있다.

그렇다면 섭씨 1℃는 화씨로는 몇 도일까? 섭씨와 화씨가 정비례나 반비례 관계를 맺고 있는 것도 아니니 답을 어떻게 구해야 할지 막막해진다. 하지만 분명 섭씨온도가 변하면 화씨온도도 변한다. 일대일로 대응하는 섭씨와 화씨는 변화율이 일정한 일차함수 관계를 맺고 있는 것이다. 이 둘의 관계를 표와 그래프로 나타내면 다음과 같다.

〈섭씨온도에 따른 화씨온도〉

섭씨(℃)	0	1	2	3	⋯	100	x
화씨(℉)	32				⋯	212	y

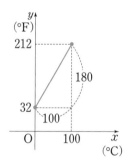

표와 그래프에서 우리는 섭씨온도의 증가량에 대한 화씨온도의 증가량의 비율은 $\dfrac{(화씨의\ 증가량)}{(섭씨의\ 증가량)} = \dfrac{180}{100} = \dfrac{9}{5}$로 일정하고, 점 (0, 32)를 지난다는 것을 알 수 있다. 이때 x℃일 때 y℉라고 하면 x와 y 사이에는 기울기 $a = \dfrac{(y의\ 증가량)}{(x의\ 증가량)} = \dfrac{9}{5}$이고, y절편 b는 32이므로 일차함수 식을 구하면 $y = \dfrac{9}{5}x + 32$이다. 이 같은 관계식을 이용하면 섭씨 1℃

는 화씨로 몇 도쯤 되는지 바로 알 수 있다. 섭씨 $1℃$는 $x=1$이므로 $y=\dfrac{9}{5}\times1+32=33.8$로 $33.8℉$이다.

참고로 섭씨온도는 섭씨를 처음 사용한 스웨덴의 천문학자이자 물리학자인 셀시우스Anders Celsius의 이름을 따 단위 $℃$를 사용하고, 화씨온도는 독일의 물리학자 파렌하이트Daniel Gabriel Fahrenheit의 이름을 따 단위 $℉$를 사용한다.

그래프로 상황을 설명해 봐

다음은 우유를 마시는 생강네 가족의 모습을 그래프로 표현한 것이다.

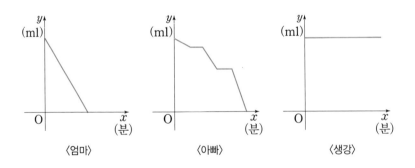

〈엄마〉　　　　〈아빠〉　　　　〈생강〉

그래프를 보면 엄마는 쉬지 않고 단숨에 벌컥벌컥 마셨다는 것을 알 수 있고, 아빠는 마시다가 멈추다가를 반복하다 결국 끝까지 다 마셨다는 것을, 또 아들 생강은 마시지 않고 딴 짓만 하고 있다는 것을 파악할 수 있다. 이처럼 그래프를 보면 주어진 상황의 대략적인 그림을 그려 볼 수 있다.

다음의 그래프를 보고 주어진 상황을 분석해 보자.

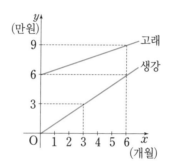

x는 개월 수를 나타내고 y는 저축액이라고 할 때, 생강과 고래의 저축 스타일은 어떠한가?

생강은 무일푼으로 시작해서 매월 일정액을 규칙적으로 저축하고 있고, 고래는 6만 원의 은행 잔고가 있는 상황에서 생강보다는 적은 액수를 매월 저축하고 있다. 이 추세로 몇 개월이 더 흐르면 초반 잔고 덕분에 고래의 저축액이 생강보다 많았음에도 불구하고 둘의 저축액은 서로 같아지겠다. 이렇게 함수를 잘 알게 되면 그래프 속에 숨어 있는 여러 상황을 속속들이 읽어낼 수 있다.

휴대전화 요금제도 그래프를 이용해

휴대전화를 새로 장만할 때면 어떤 요금제를 선택해야 할지 고민하게 된다. 나에게 맞는 요금제를 어떻게 골라낼 수 있을까? 휴대전화 요금은 기본적으로 사용 시간에 따라 달라지지만, 각 요금제마다 기본 요금이라는 것이 있어서 내야 하는 요금이 달라지므로 요금제를 선택하기 전에 조목조목 따져볼 필요가 있다.

통화량이 많지 않은 사람이라면 기본 요금이 저렴한 것을 택하는 것이 유리하고, 통화량이 많은 사람이라면 기본 요금이 비싼 대신 분당 사용 요금이 저렴한 요금제를 선택하는 것이 이득이기 때문이다.

이럴 때 함수의 도움을 받으면 휴대전화 요금제를 쉽게 결정할 수 있다. 다음 표와 같은 A, B요금제가 있다고 하자.

요금제	A	B
기본 요금(원)	10,000	20,000
분당 요금(원)	150	100

한 달 사용 시간이 x분인 사람의 휴대전화 요금을 y(원)이라고 할 때 (휴대전화 요금)=(기본요금)+(1분당 요금)×(사용시간)이므로 다음과 같이 정리할 수 있다.

A요금제일 경우 휴대전화 요금 $y=10000+150x$

B요금제일 경우 휴대전화 요금 $y=20000+100x$

이때 만약 한 달 통화량이 100분 정도 되는 사람이 있다면 그 사람에 겐 어떤 요금제가 유리할까? 통화량이 100분일 경우 $x=100$이므로 다음과 같이 정리할 수 있다.

A요금제를 쓸 경우 $y=10000+150x=10000+150\times100$
$$=25000(원)$$

B요금제를 쓸 경우 $y=20000+100x=20000+100\times100$
$$=30000(원)$$

따라서 A요금제가 유리하다. 이것을 좀 더 이해하기 쉽게 사용 시간과 휴대전화 요금제 사이의 관계를 그래프로 나타내 보자.

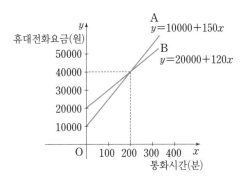

그래프를 보면 통화량 200분을 기준으로 했을 때, 200분보다 적을 경우 A요금제가 유리하고, 200분보다 많을 경우 B요금제가 유리하다는 것을 한눈에 알아볼 수 있다. 이렇게 사용 시간에 따라 달라지는 휴대전화 요금제도 함수의 그래프를 이용하면 그 둘의 관계를 확실하게 파악할 수 있어 편리하다.

확률

$$P = \frac{\text{사건 A가 일어날 경우의 수}}{\text{모든 경우의 수}}$$

$$0 < P < 1$$

확률에도 성질이 있다고?

넷째 마당

확률

 확률은 왜 태어난 거야?

다음의 질문을 보자.

- 내일은 소풍 가는 날인데 비가 올까?
- 이번 학기에 반장 선거에 나가고 싶은데 과연 당선될까?
- 10개의 사탕 중에 3개가 계피 맛이라고 하는데, 내가 계피 맛을 뽑으면 어떡하지?

세 질문의 공통점은 무엇일까? 세 질문 모두 결과를 예측하기 힘들다는 공통점을 가지고 있다. 이렇게 결과를 예측하기 힘든 질문이 떠오를 경우 우리는 자연히 여러 가능성을 점쳐 본다. 비가 올 가능성은 얼마이고, 반장에 당선될 가능성은 얼마인지 등에 대해 따져 봐야 하는데, 이럴 때 확률이 필요하다. 비 올 가능성 30%, A후보가 당선될 가능성 $\frac{3}{4}$, 뽑기에서 당첨될 가능성 0.9처럼 여러 변수를 참고하여 그 가능성을 점치는 것이 확률이기 때문이다. 결국 확률은 미래를 점쳐 보고 대비하고자 했던 사람들의 바람에서 태어난 분야라고 할 수 있겠다.

용합 확률이 도박과 편지글로 태어났다고?

확률은 16세기 르네상스 시대에 이르러서야 등장하기 시작했는데, 기원전부터 활발하게 연구되었던 대수나 기하에 비하면 수학의 역사에 매우 늦게 등장한 셈이다. 하지만 오늘날에 이르러서 확률은 자연현상이나 사회현상을 예측하는 중요 수단으로 큰 몫을 차지하고 있다.

그렇다면 확률은 어떻게 태어났을까?

16세기 당시 지중해 연안에는 많은 상인과 뱃사람들이 도박을 즐기고는 했다. 이때 도박을 즐겼던 수학자 카르다노Girolano Cardano가 등장해 최초로 확률을 사용한다. 게임에 승리하기 위해 확률을 적용하기 시작한 것이다.

카르다노에 의해 태어난 확률은 17세기의 수학자 파스칼Blaise Pascal과 페르마Pierre de Fermat에 의해 비로소 자리를 잡게 된다. 그 내막은 다음과 같다. 파스칼에게는 도박을 즐기는 '드 메레'라는 친구가 있었다. 그런데 어느 날 그 친구로부터 다음과 같은 편지를 받았다.

친애하는 파스칼!

문제 하나 해결해 주게나.

솜씨가 비슷한 A, B 두 사람이 4만 원을 걸고 게임을 했다네. 세 번 이기는 사람이 4만 원을 갖기로 했는데 안타깝게도 A가 2번, B가 1번 이기는 상황에서 그만 게임을 중지하게 되었지 뭔가. 이럴 때 상금은 어떻게 나눠 가져야 하는가? A는 B보다 이긴 횟수가 많으니까 자신이 상금을 가져야 한다 하고, B는 아직 게임이 끝나지 않았으니 반반 나눠 가져야 한다는 것이지. 자네가 명판결을 해줘야겠네.

친구의 편지를 받은 파스칼은 고민하기 시작했다. 하지만 풀릴 기미가 보이지 않자 파스칼은 당시 최고의 수학자이자 자신과 자웅을 겨루고 있던 페르마에게 조언을 구하는 편지를 보냈다. 파스칼의 편지를 받은 페르마 역시 고민에 고민을 거듭했으나 명확한 답을 쉽게 구할 수가 없었다. 때문에 페르마와 파스칼은 문제 해결을 위해 몇 번이고 서신을 교환하며 생각을 나누게 된다. 그리고 두 사람은 하나의 결론에 도달했다. A, B 두 사람이 각각 이기는 경우의 수를 고려하여 상금을 분배해야 한다는 결론에 이른 것이다.

이것이 바로 '확률론'의 탄생 비화이다. 결국 확률론은 도박을 계기로 태어난 셈이니 옛말 그대로 무엇이든 쓸모는 있는 법인가 보다!

교과 순서가 있는 경우의 수

'줄을 잘 서야 한다'라는 말은 보통 바른 자세의 서 있기를 의미하지만 때로는 '순서'를 염두에 두고 사용되기도 한다. 예를 들어 누군가가 '좋은 일이 있으려면 줄을 잘 서야 해!'라고 말했다고 하자. 이는 바른 자세로 똑바로 서야 좋은 일이 생긴다는 것을 의미하는 말이 아니라, 사회생활에서 시류에 따라 승기를 잡은 특정인의 지지 세력의 편에 서야 행운을 안을 수 있음을 의미하는 말이다. 쉽게 말해 누구 뒤에 서느냐에 따라 덕을 볼 수도 피해를 입을 수도 있다는 것인데, 이 같은 '순서'는 일상

생활에서뿐만 아니라 수학에서 경우의 수를 따질 때도 아주 중요한 자리를 차지한다. 순서를 생각하느냐 그렇지 않느냐에 따라 경우의 수는 크게 달라지기 때문이다.

생강, 고래, 양파, 세 사람을 한 줄로 세우는 경우의 수를 생각해 보자.
한 줄로 세운다는 것은 앞과 뒤 순서를 생각한다는 것이므로 다음 그림처럼 맨 앞줄에는 세 사람 중 한 사람이 설 수 있고, 두 번째 줄에는 맨 앞줄에 선 한 사람을 제외한 두 사람 중에서 한 사람이 설 수 있으며, 마지막 줄에는 맨 앞줄과 두 번째 줄에 선 사람을 제외한 사람이 서게 된다.

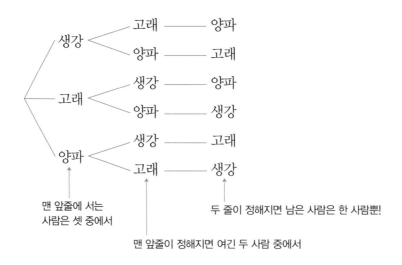

따라서 맨 앞줄에 설 수 있는 세 사람 각각에 대하여 2가지 방법이 있고, 또 둘째 줄에서는 두 사람 각각에 대하여 한 사람씩 세울 수 있기 때문에 세 사람을 한 줄로 세우는 방법의 수는 $3 \times 2 \times 1 = 6$(가지)이다.

첫 번째   두 번째   세 번째

참고로 네 사람을 한 줄로 세우는 방법은 $4 \times 3 \times 2 \times 1 = 24$(가지)이다. 이러한 결과를 본다면 일반적으로 x명을 한 줄로 세우는 경우의 수는 $x \times (x-1) \times (x-2) \times \cdots \times 3 \times 2 \times 1$이다.

교과 순서를 생각하지 않는 경우의 수

생강, 고래, 양파, 감자는 서로 한 번씩 경기를 해서 팔씨름 왕을 뽑으려고 한다. 다시 말해서 리그전(대회에 참가한 모든 사람이 각각 돌아가면서 한 차례씩 대결하는 경기 방식)을 통해 팔씨름 왕을 뽑겠다는 것이다.

그렇다면 전체적으로 몇 번의 경기를 해야 할까?

다음을 보면 리그전으로 치르는 경기 횟수는 총 6(회)이다.

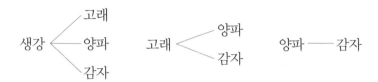

즉 두 사람씩 짝을 지어 생강과 고래, 생강과 양파, 생강과 감자, 고래와 양파, 고래와 감자, 양파와 감자로 모두 6번의 경기를 치르게 된다. 이처럼 순서를 생각하지 않고 4명 중 2명을 뽑는 경우의 수는 $\dfrac{4 \times 3}{2} = 6$ 이다. 이때 4×3은 4명 중 순서대로 2명을 뽑는 경우의 수이고, 그것을 2로 나눈 이유는 순서대로 둘을 뽑고 나면 둘씩 중복되기 때문이다.

일반적으로 x팀이 참가할 경우 순서와 상관없는 리그전에서 치르는 경기 횟수는 $\dfrac{x \times (x-1)}{2}$(회)이다. 예를 들어 10개 팀이 참가하는 축구 경기가 있을 때 리그전에서 치르는 경기 횟수는 $\dfrac{10 \times 9}{2} = 45$(회)이다.

 교과 **이것 또는 저것, 이것과 저것, 둘의 차이는?**

생강이 친구로부터 추천받은 책은 다음과 같다.

학습서	친절한 수학교과서, 재미있는 수학여행
소설	박사가 사랑한 수식, 모래밭 아이들, 빙점

생강은 주말에 친구가 소개한 책 중에서 한 권을 선택하여 읽으려고 한다. 학습서 또는 소설 중에서 한 권을 택하는 경우의 수는 어떻게 구할까? 학습서 중에서 한 권을 택하는 경우는 2가지이고, 소설 중에서 한 권을 택하는 경우는 3가지이므로 학습서 또는 소설 중에서 한 권을 선택하는 경우의 수는 2＋3＝5이다.

또 옷을 파는 매장에서 생강이 바구니에 골라 놓은 것은 치마가 2개, 바지가 4개였다. 치마 또는 바지 중에서 1개의 옷을 택하여 산다고 할 때 경우의 수는 2＋4＝6이다.

이처럼 두 사건 A, B가 동시에 일어나지 않을 때, 사건 A가 일어나는 경우의 수가 m이고, 사건 B가 일어나는 경우의 수가 n이면, 사건 A 또는 B가 일어나는 경우의 수는 $m＋n$이다.

한편, 고래가 외출하기 위해 준비한 옷은 다음과 같다.

이때 고래가 상의와 하의를 하나씩 골라 입을 경우의 수를 구해 보자.

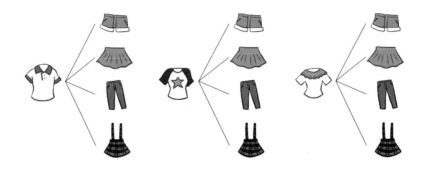

상의 3가지에 대하여 하의 4가지를 선택할 수 있으므로 위 그림에서처럼 일어나는 모든 경우의 수는 3×4＝12이다.

이처럼 두 사건 A, B가 동시에 일어날 때, 사건 A가 일어나는 경우의 수가 m이고, 사건 B가 일어나는 경우의 수가 n이면, 사건 A와 사건 B가 동시에 일어나는 경우의 수는 $m×n$이다.

 경우의 수를 구해 봐

"어떻게 구울까요? rare, medium, welldone?"

스테이크를 주문할 때 종업원이 이런 식으로 취향을 물을 때가 있다. 이럴 때 우리는 셋 중에 하나를 고르면 된다. 하지만 피자집에서 "토핑 2가지를 골라 주세요. 저희 가게에는 치즈, 호박, 토마토, 옥수수, 햄 중에서 2가지를 선택할 수 있습니다"라고 한다면? 이럴 때는 앞의 경우와 달리 선택할 수 있는 가짓수가 좀 된다. 5가지 중에 2가지를 순서 없이 선택할 수 있으므로 경우의 수는 $\dfrac{5 \times 4}{2} = 10$(가지)이다.

또 레스토랑에서 이런 경우도 있다. "수프는 양송이, 크림, 토마토가 준비되어 있고, 음료는 커피, 망고주스, 딸기주스, 키위주스가 있습니다. 어떤 걸로 준비해 드릴까요?" 이럴 때는 수프와 음료를 각 한 가지씩 선택해야 한다. 수프 3가지에 대하여 음료 4가지를 선택할 수 있으므로 경우의 수는 다음과 같이 $3 \times 4 = 12$(가지)이다.

하지만 다음과 같이 한식과 중국 음식이 준비되어 있는 푸드코트에서 한식이나 중국 음식 중 한 가지를 선택할 때 경우의 수는?

── 한식 ──	── 중국 음식 ──
된장국	짬뽕
설렁탕	짜장
비빔밥	탕수육
	누룽지탕

한식에서 한 가지를 선택하는 경우의 수는 3이고, 중국 음식에서 한 가지를 선택하는 경우의 수는 4이므로 한식 또는 중국 음식 중에서 한 가지를 선택하는 경우의 수는 3＋4＝7(가지)이다. 참고로 푸드코트에서 한식과 중국 음식을 동시에 각 한 가지씩 주문한다면 주문할 수 있는 경우의 수는 3×4＝12(가지)이다.

어떤 선택의 기회가 주어지든 간에 선택할 수 있는 경우의 수를 구할 때는 사건 A와 사건 B가 동시에 일어날 때는 곱의 법칙을 쓰면 되고, 사건 A 또는 사건 B가 일어날 때는 합의 법칙을 쓰면 된다.
'그리고(and)'와 '또는(or)'의 차이를 꼭 이해해 두자.

 ## 나만의 라틴 방진을 직접 만들어 봐

스도쿠, 마방진, 라틴 방진은 모두 숫자 배열 게임이다. 지금부터 얘기하고자 하는 라틴 방진Latin Square은 마방진을 변형해서 만든 것으로, 활용도가 꽤 넓다. 다음과 같이 숫자뿐만 아니라 기호나 색깔, 문자를 써서 규칙적으로 배열할 수 있기 때문이다.

1	2	3	4
4	3	2	1
2	1	4	3
3	4	1	2

★	●	◆	※
※	◆	●	★
●	★	※	◆
◆	※	★	●

A	B	C	D
D	C	B	A
B	A	D	C
C	D	A	B

위의 그림들은 모두 대각선까지 고려하여 만든 4차 라틴 방진이다. 4차 라틴 방진이란 앞의 그림처럼 4개의 서로 다른 기호를 써서 4행 4열의 정사각형으로 늘어놓을 때 각 행, 각 열에 어느 기호도 딱 1개씩만 나타나도록 한 것이다. 그런데 우리는 행, 열은 물론이고 대각선까지 고려하여 4차 라틴 방진을 만들려고 한다. 만들 수 있는 방법의 수는 모두 몇 가지일까?

자! 문자 ㄱ, ㄴ, ㄷ, ㄹ을 사용하여 다음과 같은 순으로 4차 라틴 방진을 만들어 보자.

첫째, 맨 위 1행을 채우는 가짓수는 다음 그림처럼 ㄱ, ㄴ, ㄷ, ㄹ을 순서대로 배열하는 것이므로 $4 \times 3 \times 2 \times 1 = 24$(가지)이다.

...

둘째, 24가지 각각에 대해서 4행 1열인 ?을 채우는 가짓수는 다음 그림처럼 2가지이다. ?의 같은 열에 ㄱ이, 대각선에 ㄹ이 이미 놓여 있으므로 그 이외 ㄴ, ㄷ을 가지고 ?을 채우는 가짓수는 2(가지)뿐이다.

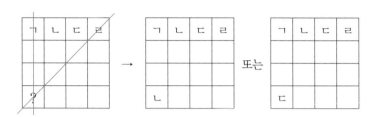

셋째, 위의 2가지 각각에 대해서 4행 4열에 있는 ?을 채우는 가짓수는 다음 그림처럼 오로지 한 가지뿐이다. ?의 대각선, 행, 열에 이미 ㄱ, ㄴ, ㄹ이 채워져 있으므로 이를 제외하면 ㄷ뿐이다.

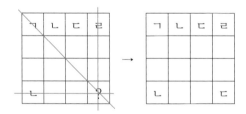

넷째, 위의 경우에 대해서 2행 3열에 있는 ?를 채우는 가짓수는 한 가지뿐이다. 다음 그림에서처럼 ?의 행, 열에 이미 놓여 있는 ㄷ, ㄴ, ㄹ을 제외하면 ㄱ뿐이다.

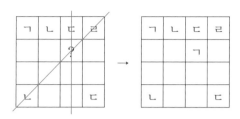

다섯째, 이후부터는 어떤 순서로 하든지 간에 매 칸마다 오로지 한 가지 문자로 정해진다. 이와 같은 방법으로 채우면 다음 그림과 같은 4차 라틴 방진이 완성된다.

ㄱ	ㄴ	ㄷ	ㄹ
ㄷ	ㄹ	ㄱ	ㄴ
ㄹ	ㄷ	ㄴ	ㄱ
ㄴ	ㄱ	ㄹ	ㄷ

물론 위 그림의 라틴 방진은 48가지의 라틴 방진 중 하나일 뿐이다. 어떻게 48가지인지 알았느냐고? 앞에서 꼼꼼하게 설명했듯이 맨 처음 ㄱ, ㄴ, ㄷ, ㄹ을 순서대로 배열하는 경우의 수는 $4 \times 3 \times 2 \times 1 = 24$이다. 이 것들 각각은 모두 2가지 경우의 수를 가지고 있었고, 그 나머지 것들은 모두 한 가지뿐이니까 모든 경우의 수를 따져 보면 $(4 \times 3 \times 2 \times 1) \times 2 = 48$(가지)가 되는 것이다.

지금까지의 방법을 참고하여 나머지 47가지의 라틴 방진 만들기에도 도전해 보자!

융합 한 라인서 10^{64} 종류의 자동차를 생산하는 공장이 있다고?

10^{64}의 이름은 '불가사의'이다. 그 형태만 보아도 짐작할 수 있듯이 10^{64}은 워낙에 큰 수이기 때문에 일상생활에서는 거의 쓰일 일이 없다. 그런데 얼마 전 한 일간 신문에 10^{64}이라는 숫자가 버젓이 나타났다. 독일 뮌헨에 있는 B자동차 공장의 대량 맞춤 생산에 대한 이야기를 하던 중 말이다. 기사의 내용은 대략 다음과 같았다.

차량 모델, 엔진 종류, 다양한 옵션, 수출 국가별 표준 등을 반영하면 맞춤 생산할 수 있는 자동차의 종류는 10^{64}가지나 된다는 것이다. 어떤 계산 과정을 거쳐 숫자 10^{64}이 나왔는지에 대해서는 구체적인 설명이 없었지만 그저 터무니없어 보이던 숫자 10^{64}은 그렇게 우리 일상생활 속에 등장했다.

그럼 이제부터 우리가 알고 있는 지식을 총동원해서 대강이나마 숫자 10^{64}이 등장하는 과정을 되짚어 보자.

우리 친구들은 서로 다른 2개의 주사위를 동시에 던졌을 때 나오는 모든 경우의 수를 곱셈의 법칙을 써서 $6 \times 6 = 36$(가지)라고 계산할 수 있을 것이다. 이와 같은 방식으로 곱의 법칙을 적용해서 맞춤 생산할 수 있는 자동차의 수를 계산해 보자.

맞춤 생산하는 차량 모델이 10가지이고, 그 각각에 대하여 엔진 종류가 10가지일 때 만들 수 있는 자동차의 종류는 $10 \times 10 = 100 = 10^2$(가지)

이다. 또 차량 모델이 10^2가지이고, 그 각각에 대하여 엔진 종류가 10^2 가지라면 자동차의 종류는 $10^2 \times 10^2 = 10^4$(가지)가 된다. 여기서 우리는 차량 모델과 엔진 종류가 각각 10배씩 늘어났을 뿐인데 자동차의 종류 는 10^2가지에서 10^4가지로 무려 100배나 늘어났다는 놀라운 사실을 알 수 있다.

물론 이 숫자는 자동차 맞춤 제작의 주문 사항 중 차량 모델과 엔진 종류만을 고려한 결과물이다. 맞춤 제작에는 차량 모델과 엔진 종류뿐 만 아니라 국가별 표준이나 다양한 옵션 등이 변수로 작용할 것이므로 이 또한 고려해야 한다. 대충 추가로 고려해야 할 상황이 30여 가지쯤 된 다고 해보자. 그리고 이 30여 가지의 고려 사항들이 각각 10^2가지의 종 류를 가지고 있다면 맞춤 자동차의 종류는 다음과 같다.

$$\underbrace{10^2 \times 10^2 \times 10^2 \times 10^2 \times \cdots \times 10^2}_{30개} = (10^2)^{30} = 10^{60}(가지)$$

어떤가? 확실히 대략적으로나마 계산을 해보니 처음엔 터무니없이 커 보이던 숫자 10^{64}과의 거리감이 크게 좁혀진 느낌이 든다. 물론 이 계산 은 단순한 가정을 기반으로 하고 있기 때문에 정확성과는 거리가 멀다. 하지만 곱의 법칙이 던져주는 마법 같은 힘이 감히 상상할 수도 없는 큰 수를 우리 삶 가까이로 데려다 준다는 점만은 분명하다.

우리 집에서 학교 가는 길은 모두 몇 가지야?

다음 그림을 보고 집에서 학교까지 가장 가까운 길로 갈 수 있는 방법은 모두 몇 가지인지 알아보자.

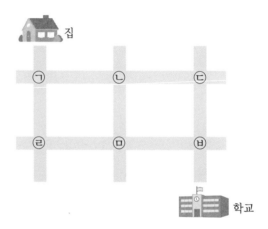

집에서 학교까지 가는 길은 ㉠에서 ㉫까지 가는 가장 가까운 길의 경우를 생각하면 되는데, 이때 도착하기 바로 전 지점 ㉢과 ㉺을 염두에 두고 생각하면 다소 이해하기가 쉽다.

왜냐하면 ㉢과 ㉺에 도착하면 다음에는 선택의 여지없이 ㉫에 도착할 것이기 때문이다. 따라서 ㉢과 ㉺에 도착하는 방법의 수를 각각 구해서 둘을 합해주면 끝이다.

㉠에서 ㉢까지 가는 길은 ㉠－㉡－㉢의 길로 오로지 1가지뿐이다.

㉠에서 ㉢까지 가는 길은 ㉠―㉡―㉢과 ㉠―㉣―㉢으로 2가지이다.

따라서 집에서 학교까지 가장 가까운 길로 갈 수 있는 방법은 1+2=3
으로 모두 3(가지)이다.

다음 그림과 같은 길의 경우도 같은 방법으로 생각할 수 있다. 집에서
도서관까지 가장 가까운 길로 가는 방법의 가짓수를 계산해 보자.

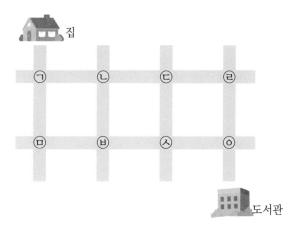

목적지에 도착하기 바로 전 지점 ㉣과 ㉦을 염두에 두고 생각하면 ㉠에
서 ㉣까지 가는 길은 ㉠―㉡―㉢―㉣의 길로 1가지뿐이다.

㉠에서 ㉦까지 가는 길은 앞에서 구한 3가지 방법이 있다.

따라서 집에서 도서관까지 가장 가까운 길로 갈 수 있는 방법은
1+3=4로 모두 4(가지)이다.

융합 **인디언식 이름**으로 **경우의 수를 알아봐**

인디언이 등장하는 영화 〈늑대와 춤을〉에는 특이한 이름이 많이 등장한다. 이는 이름을 짓는 인디언만의 특이한 방식이 있기 때문인데 다음 표를 주목해 보자.

생월	주어
1월	늑대
2월	태양
3월	양
4월	매
5월	황소
6월	불꽃
7월	나무
8월	달빛
9월	말
10월	돼지
11월	하늘
12월	바람

생년	수식어
XXX0년	시끄러운 또는 말 많은
XXX1년	푸른
XXX2년	어두운–적색
XXX3년	조용한
XXX4년	웅크린
XXX5년	백색
XXX6년	지혜로운
XXX7년	용감한
XXX8년	날카로운
XXX9년	욕심 많은

생일	술어	생일	술어	생일	술어
1	～와 함께 춤을	11	～이(가) 노래하다	21	～의 고향
2	～의 기상	12	～의 그늘, 그림자	22	～의 전사
3	～은(는) 그림자에	13	～의 일격	23	은(는) 나의 친구
4	따로 없음	14	～에게 쫓기는 남자	24	～의 노래
5	따로 없음	15	～의 행진	25	～의 정령
6	따로 없음	16	～의 왕	26	～의 파수꾼
7	～의 환생	17	～의 유령	27	～의 악마
8	～의 죽음	18	～을 죽인 자	28	～와 같은 사나이
9	～아래에서	19	～는(은) 언제나 잠잔다	29	～의 심판자 ～를(을) 쓰러뜨린 자
10	～를(을) 보라	20	～처럼	30	～의 혼
				31	～은(는) 말이 없다

    인디언은 위의 표에서와 같이 태어난 연도의 뒷자리에는 성격이나 색을 표현하는 수식어를 사용하고, 생월에는 식물, 동물, 자연 등의 이름을, 생일에는 다양한 서술어를 배치한 후 이 3가지를 조합하는 방식으로 이름을 지었다고 한다. 자신의 생년, 생월, 생일에 해당하는 3가지가 더해져 하나의 이름이 만들어졌다는 것이다.

    그렇다면 인디언 방식으로 지어낼 수 있는 이름은 최대 몇 가지나 될까?

생년 10가지(일의 자리만 변수이다)에, 생월 12가지가 정해지고, 또 생일 31가지가 짝지어지므로 인디언식 이름은 최대 $10 \times 12 \times 31 = 3720$(가지)가 만들어질 수 있다.

만약 인구 수가 많은 오늘날에 인디언식 이름 짓기로 태어난 아이들의 이름을 정한다면 똑같은 이름이 엄청나게 많아질 것이다. 같은 날에 태어난 아이들은 모두 똑같은 이름을 갖게 될 테니 말이다.

우리 친구들도 자신의 생년월일을 이용하여 인디언식 이름을 지어 보자. 2004년 12월 16일에 태어난 사람의 인디언식 이름은 '웅크린 바람의 왕'이다. 또 1957년 4월 15일에 태어난 사람의 이름은 '용감한 매의 행진'이고 말이다.

확률의 개념은 비율과 상대도수에서 찾을 수 있어

"누가 먼저 할지 동전을 던져서 정하자."

이처럼 우리는 동전을 던져 순서를 정할 때가 있다. 물론 동전을 던지기 전에 앞면이 나오면 네가 먼저 하고, 뒷면이 나오면 내가 먼저 한다는 식의 약속을 미리 정해 둬야 한다. 그런데 이 같은 방법이 과연 공정할까? 다시 말해 1개의 동전을 던졌을 때 앞면이 나올 가능성과 뒷면이 나올 가능성이 온전히 같냐는 말이다. 이럴 때는 직접 실험해 보는 것이 최고다.

하나의 동전을 여러 차례 던져 보면서 던진 횟수 중에 앞면은 몇 번 나오는지, 또 뒷면은 몇 번 나오는지의 비율을 따져 보면 된다. 이 비율은 $\dfrac{(앞면이\ 나오는\ 횟수)}{(던진\ 횟수)}$ 또는 $\dfrac{(뒷면이\ 나오는\ 횟수)}{(던진\ 횟수)}$ 의 계산을 통해 파악할 수 있다. 이때 1학년 과정에서 이미 배운 $(상대도수) = \dfrac{(그\ 계급의\ 도수)}{(전체도수)}$ 의 개념을 떠올려 보자.

실험에서 던진 횟수를 전체도수, 앞면이 나오는 횟수를 그 계급의 도수로 생각하면 다음과 같은 표를 얻을 수 있다.

던진 횟수(번)	10	50	100	200	300	400	500	600	...	1000
앞면이 나오는 횟수(번)	3	28	47	112	160	210	256	292	...	501
상대도수	$\frac{3}{10}=0.3$	0.56	0.47	0.45	0.53	0.525	0.512	0.487	...	0.501

표에서도 알 수 있듯 동전을 던지는 횟수가 많아지면 많아질수록 앞면이 나오는 비율, 상대도수는 0.5, 즉 $\frac{1}{2}$에 가까워진다. 실험을 통해 계산된 비율은 사람마다 약간씩 다를 수 있지만 여러 번 반복하다 보면 일정한 값에 가까워진다.

이와 같이 동일한 조건에서 실험이나 관찰을 여러 번 반복할 때 어떤 사건이 일어나는 상대도수가 일정한 값에 가까워지면 그 일정한 값을 그 사건의 '확률probability'이라고 한다. 따라서 동전 1개를 던질 때 앞면이 나올 확률은 $\frac{1}{2}$이 되는 것이다.

일반적으로 어떤 실험이나 관찰에서 각 경우가 일어날 가능성이 같을 때 일어날 수 있는 모든 경우의 수를 n, 사건 A가 일어날 경우의 수를 a라고 하면 사건 A가 일어날 확률 p는 다음과 같다.

$$p = \frac{\text{사건 A가 일어날 경우의 수}}{\text{모든 경우의 수}} = \frac{a}{n}$$

이처럼 확률은 비율이나 상대도수의 개념을 고스란히 품고 있다.

참고로 확률은 영어 단어 probability의 첫 글자 p로 나타낸다. 그런 확률 p는 로또에 당첨될 확률 $p = \frac{1}{8145060}$, 윷놀이에서 개가 나올 확률

$p=0.375$, 비 올 확률 $p=40\%$처럼 분수, 소수, 백분율(%) 등으로 표현
된다.

교과 확률에도 성질이 있다고?

　상대도수는 전체도수에 대한 각 계급의 도수의 비율이므로 항상 0 이
상 1 이하의 수로 나타내어진다. 즉 0≤(상대도수)≤1은 상대도수가 갖
고 있는 성질이다.

　그렇다면 상대도수의 개념을 고스란히 품고 있는 확률은 어떤 성질을
가지고 있을까? 다음 그림과 같이 검은 공이 2개, 흰 공이 3개 들어 있
는 주머니가 있다고 하자. 이때 1개의 공을 꺼낼 때 각각의 경우에 대한
확률은 다음과 같다.

　꺼낸 공이 검은 공일 확률은 $\dfrac{2}{5}$이고, 꺼낸 공이 흰 공일 확률은 $\dfrac{3}{5}$이다.
꺼낸 공이 파란 공일 확률은? 5개의 공 중 파란 공은 없으므로 파란 공

일 확률은 0이다.

꺼낸 공이 검은 공이거나 흰 공일 확률은? 5개의 공은 모두 검은 공이거나 흰 공이므로 검은 공이거나 흰 공일 확률은 1이다.

꺼낸 공이 검은 공이 아닐 확률은? 검은 공이 아니라면 흰 공이므로 검은 공이 아닐 확률은 흰 공일 확률 $\frac{3}{5}$과 같다.

즉 (검은 공이 아닐 확률)=1−(검은 공일 확률)=$1-\frac{2}{5}=\frac{3}{5}$

이상을 정리하면 확률은 다음과 같은 성질을 가지고 있다.

---

1. 어떤 사건이 일어날 확률을 p라고 하면 $0 \leq p \leq 1$이다.

2. 절대로 일어나지 않는 사건의 확률은 0이다.

3. 반드시 일어나는 사건의 확률은 1이다.

4. 사건 A가 일어날 확률을 p라고 하면, 사건 A가 일어나지 않을 확률은 $1-p$이다.

 융합 함수와 확률에도 공통점이 있다고?

다음 표는 주사위 1개를 던졌을 때 1의 눈이 나오는 횟수를 조사한 표이다.

던진 횟수(번)	30	60	90	120	150	⋯
1의 눈이 나오는 횟수(번)	5	9	15	21	27	⋯

표를 보는 순간 함수의 변화표를 떠올리는 친구가 있을지 모르겠다. 어쨌거나 위의 표는 주사위를 던졌을 때 던진 횟수에 따라 1의 눈이 나오는 횟수를 조사한 것이다. 표를 보면 1개의 주사위를 던졌을 때 던진 횟수가 변함에 따라 1의 눈이 나오는 횟수 또한 변하고 있다. 따라서 둘은 함수 관계에 있다.

그런데! 둘의 변화를 잘 살펴보면 규칙적이지는 않다. 즉 $\dfrac{9-5}{60-30} \neq \dfrac{15-9}{90-60}$ 에서처럼 던진 횟수의 증가량과 1의 눈이 나오는 횟수의 증가량의 비율이 일정하지 않다는 것이다. 때문에 둘 사이의 변화를 함수 관계식으로 나타낼 수는 없다. 이처럼 함수 관계식으로 나타낼 수 없는 함수는 사실 의미가 없다는 것을 이미 1학년 과정에서 언급한 바 있으니 혹시 잊고 있었다면 1학년 「함수」 편을 다시 읽기를 권한다.

이처럼 불규칙적인 변화는 중학교 수학에서 다루는 함수는 아니다. 대신 불규칙적인 변화지만 수없이 반복하다 보면 어떤 규칙이 보일 것 같은 특별한 것은 확률에서 다루게 되는 것이다.

어떤가? 규칙적인 변화를 다루는 함수와 규칙적이지는 않지만 결국에 가서는 규칙이 보일 것 같은 확률의 차이점이 느껴지는가?

함수와 확률의 공통점도 있다. 그것은 둘 다 미래의 상황을 예측한다는 것이다. 함수를 통해 미래를 예측하는 것은 정확한 반면에, 확률을 통해 얻은 예측은 대략적이다. 때문에 확률에서는 어느 정도의 오차가 따르는지 오차 범위를 밝혀주는 것이 일반적이다.

로또 복권에 당첨될 확률

이탈리아 어로 '행운'을 뜻한다는 '로또 Lotto'. 누구나 한 번쯤은 로또와 같은 복권에 당첨되는 미래를 꿈꿔 본 적이 있을 것이다. 로또 복권은 45개의 숫자 중에서 6개의 숫자를 뽑는 것으로 1에서 45까지의 수 가운데 평소 마음에 둔 숫자 6개를 선택하는 일종의 게임이다. 이때 우리 친구들은 6개의 숫자를 순서 없이 뽑는다는 것을 염두에 둬야 한다. 경우의 수는 순서를 염두에 두느냐, 두지 않느냐에 따라서 크게 달라지기 때문이다.

그럼 이제부터 사람들을 웃게도 하고 울게도 하는 이 6개의 숫자를 뽑았을 때, 로또 1등에 당첨될 확률은 얼마나 될지 계산해 보자.

45개의 숫자 중에서 순서대로 6개의 숫자를 뽑는 모든 경우의 수는 $45 \times 44 \times 43 \times 42 \times 41 \times 40 = 5864443200$이다. 하지만 순서를 고려하지 않기 때문에 6개를 뽑는 경우의 수는 $\dfrac{45 \times 44 \times 43 \times 42 \times 41 \times 40}{6 \times 5 \times 4 \times 3 \times 2 \times 1} = 8145060$(가지)이다.

여기서 혹시 이해가 안 가는 친구들이 있을지 몰라 간단한 예를 들어 설명하겠다.

3개의 숫자 1, 2, 3 중에 2개의 숫자를 뽑을 때, 순서를 생각하면 $3 \times 2 = 6$가지다. 하지만 순서를 생각하지 않는다면 2와 3을 뽑으나 3과 2를 뽑으나 같기 때문에 2×1로 나눠야 하므로 $\frac{3 \times 2}{2 \times 1} = 3$ (가지)다. 즉 (1, 2), (1, 3), (2, 3)으로 3(가지)뿐인 것이다.

결국 45개의 숫자 중에서 6개를 뽑는 모든 경우의 수는 8145060(가지)이고, 그 가운데 하나의 수가 당첨 번호이므로 (로또에 당첨될 확률)$=\frac{1}{8145060}$이다.

한 장의 복권을 사서 6개의 당첨 숫자를 모두 맞힐 확률 $\frac{1}{8145060}$은 서울에 사는 약 1,000만 명의 사람들이 로또를 한 장씩 샀을 경우 겨우 한 명 정도가 당첨되는 낮은 가능성에 불과하다는 것을 기억해 두기 바란다. 이 사실을 잊지 않는다면 온전히 운에 기대야 하는 복권에 희망을 걸기보다는 작은 일이라도 내 의지에 의해 변화할 수 있는 일을 찾아 나서게 될 것이다.

융합 시청률이 50%라고 해서 국민의 절반이 그 프로그램을 본 것은 아니야

어떤 드라마의 시청률이 50%를 넘었다는 기사가 떴다. 그렇다면 온 국민의 절반이 그 드라마를 시청했다는 것일까? 그것은 아니다. 대다수의 사람들이 그럴 것이라고 오해하는 데는 시청률 측정이 전 국민을 대상으로 한다고 착각하기 때문이다.

시청률이란 국민 전체가 아니라 TV를 시청한 가구를 조사 대상으로 한다. 즉 TV를 시청한 전체 가구 중에서 특별히 어떤 프로그램을 시청한 가구 수의 비율을 '시청률'이라고 지칭하는 것이다.

$$시청률 = \frac{어떤 프로그램을 시청한 가구 수}{TV를 시청하는 전체 가구 수}$$

따라서 어떤 프로그램의 시청률이 50%였다는 것은 TV를 시청한 가구 수가 모두 100가구였다면 그중에 50가구가 그 프로그램을 시청했다는 것을 의미한다. 때문에 어떤 프로그램의 시청률이 50%로 측정되었다고 해도 전 국민의 절반이 그 프로그램을 봤다고는 말할 수 없다. 집에 TV가 없는 가정도 있을 것이고, 그날따라 TV를 보지 않은 가정도 있을 테니 말이다.

다른 확률도 살펴보자.

비 올 확률 30%는 어떻게 이해해야 할까? 일기예보에서 말하는 비 올 확률은 기온이나 습도, 바람 그리고 구름의 양을 고려했을 때 그와 같은 기상 조건에서 비가 내렸던 날을 계산한 것이다. 말하자면 비 올 확률 30%라는 것은 지금까지 여러 날을 참고했을 때 같은 기상 조건 중에서 100일 중 30일이 비가 왔다는 의미이다.

제비뽑기! 먼저 뽑는 것이 유리할까, 나중에 뽑는 것이 유리할까?

우리 친구들 제비뽑기를 해본 적이 있을 것이다. 교실에서 자리를 바꿀 때 흔히 쓰는 방법이 제비뽑기니 말이다. 그렇다면 제비뽑기를 할 때 먼저 뽑는 것이 유리할까, 나중에 뽑는 것이 유리할까? 서로 먼저 뽑으려고 다툰 적 있었다면 귀 기울여보기 바란다.

다음과 같이 모양과 크기가 같은 5개의 공 중에 2개의 검은 공이 들어 있는 주머니가 있다고 하자.

생강, 고래, 양파 순으로 뽑기를 할 때, 검은 공을 뽑을 확률을 구해 보자. 단, 한 번 뽑은 공은 다시 주머니 안에 넣지 않는다.

생강이 검은 공을 뽑을 확률은? 공 5개 중 2개가 검은 공이므로 $\frac{2}{5}$이다.

고래가 검은 공을 뽑을 확률은? 생강이 무엇을 뽑았느냐에 따라 달라지므로 다음과 같다.

생강이 검은 공을 뽑고, 고래가 검은 공을 뽑을 확률

$$\frac{2}{5} \times \frac{1}{4} = \frac{1}{10} \cdots ①$$

생강이 검은 공을 뽑지 못하고, 고래가 검은 공을 뽑을 확률

$$\frac{3}{5} \times \frac{2}{4} = \frac{3}{10} \cdots ②$$

고래가 검은 공을 뽑게 될 확률은 ① 또는 ②이므로

$$\frac{1}{10} + \frac{3}{10} = \frac{4}{10} = \frac{2}{5}$$

계산해 놓고 보니 생강이 검은 공을 뽑을 확률이나 고래가 검은 공을 뽑게 될 확률이나 꼭 같다.

이제 마지막 순번 양파가 검은 공을 뽑을 확률을 계산해 보자. 양파가 검은 공을 뽑을 확률 또한 당연히 앞서 뽑은 생강과 고래의 뽑기 결과에 따라 달라지므로 다음과 같다.

생강, 고래가 둘 다 검은 공을 뽑았을 경우 양파가 검은 공을 뽑을 확률은 0이다. ⋯ ③

생강은 검은 공을 뽑고, 고래는 검은 공을 뽑지 못했을 경우 양파가 검은 공을 뽑을 확률

$$\frac{2}{5} \times \frac{3}{4} \times \frac{1}{3} = \frac{1}{10} \cdots ④$$

생강은 검은 공을 뽑지 못하고 고래가 검은 공을 뽑았을 경우 양파가 검은 공을 뽑을 확률

$$\frac{3}{5} \times \frac{2}{4} \times \frac{1}{3} = \frac{1}{10} \cdots ⑤$$

생강과 고래 둘 다 검은 공을 뽑지 못하고 양파가 검은 공을 뽑을 확률

$$\frac{3}{5} \times \frac{2}{4} \times \frac{2}{3} = \frac{1}{5} \cdots ⑥$$

따라서 양파가 검은 공을 뽑게 될 확률

$$0 + \frac{1}{10} + \frac{1}{10} + \frac{1}{5} = \frac{2}{5}$$

이렇게 세 녀석이 검은 공을 뽑을 확률은 뽑는 순서와 상관없이 $\frac{2}{5}$로 동일하다. 그러니 제비뽑기를 할 때 먼저 뽑으려고 애쓰지 말 것!

융합 공정한 거니?

술래잡기 놀이를 위해 술래를 정한다거나 서로 하기 싫다고 미루는 청소구역의 당번을 정할 때 우리는 흔히 가위바위보를 하거나 뽑기를 한다. 이럴 때 A, B 두 사람 중 한 사람을 술래로 정하는 다음과 같은 규칙이 공정한가에 대해서 생각해 보자.

1. 동전 1개를 던져 앞면이 나오면 A가, 뒷면이 나오면 B가 술래다.
2. 가위바위보를 하여 이기면 A가, 비기거나 지면 B가 술래다.
3. 윷을 던져 개가 나오면 A가, 걸이 나오면 B가 술래다.

4. 동전 1개를 연속하여 2번 던져 모두 같은 면이 나오면 A가, 서로 다른 면이 나오면 B가 술래다.

5. 검은 공이 2개, 흰 공이 3개 들어 있는 주머니에서 1개의 공을 꺼내 검은 공이면 A가, 흰 공이면 B가 술래다.

6. 1개의 주사위를 던져 짝수의 눈이 나오면 A가, 6의 약수의 눈이 나오면 B가 술래다.

규칙이 공정하려면 무엇보다 두 사건이 일어날 가능성이 같아야 한다. 위에서 제시한 6가지 경우에서 두 사건이 일어날 가능성을 따져 보면 술래를 정하는 규칙이 공정한 것인지, 불공정한 것인지 금세 알 수 있다.

1. 동전은 앞면과 뒷면이 나올 가능성이 각각 $\frac{1}{2}$로 같으므로 공정하다.

2. 두 사람이 가위바위보를 할 때 이기거나 비기거나 지는 3가지 경우가 있으므로 이길 확률은 $\frac{1}{3}$이지만, 비기거나 질 확률은 $\frac{1}{3}+\frac{1}{3}=\frac{2}{3}$ 이므로 공정하지 않다.

3. 윷놀이에서 개가 나올 확률은 $\frac{6}{16}=\frac{3}{8}$이지만 걸이 나올 확률은 $\frac{1}{4}$ 이므로 불공정하다.

4. 동전을 연속하여 2번 던질 경우 모든 경우는 (앞, 앞), (앞, 뒤), (뒤, 앞), (뒤, 뒤)이므로 모두 같은 면이 나올 확률은 $\frac{1}{2}$이고, 서로 다른 면이 나올 확률도 $\frac{1}{2}$이므로 공정하다.

5. 에서 1개의 공을 꺼낼 때 검은 공일 확률은 $\frac{2}{5}$이지만, 흰 공

일 확률은 $\frac{3}{5}$이므로 불공정하다.

6. 주사위에서 짝수 눈이 나올 확률은 6개의 눈 중에 짝수 눈은 2, 4, 6, 3개이므로 $\frac{3}{6}=\frac{1}{2}$이지만, 6의 약수의 눈은 1, 2, 3, 6, 4개로 $\frac{4}{6}=\frac{2}{3}$이므로 불공정하다.

이처럼 확률은 어떤 규칙이 공정한 것인지, 공정하지 않은 것인지도 따질 수 있도록 해 준다.

 융합 파스칼이 내린 명판결이 궁금해

앞서 우리는 파스칼이 도박을 즐기는 친구로부터 편지를 한 통 받은 이야기를 했다.

솜씨가 비슷한 두 사람이 4만 원을 걸고 게임을 했다네. 3번 이기는 사람이 4만 원을 갖기로 했는데 안타깝게도 A가 2번, B가 1번 이기는 상황에서 그만 게임을 중지하게 되었지 뭔가. 이럴 때 상금은 어떻게 나눠 가져야 하는가? A는 B보다 이긴 횟수가 많으니까 자신이 상금을 가져야 한다 하고, B는 아직 게임이 끝나지 않았으니 반반 나눠 가져야 한다는 것이지. 자네가 명판결을 해줘야겠네.

우리 친구들이 이와 같은 편지를 받았다면 어떤 판결을 내렸을까? 파스칼은 다음과 같은 판결을 내렸다고 한다.

"상금 4만 원 중 3만 원은 A가, 그리고 남은 1만 원을 B가 가져야 하네."

그럼 파스칼의 계산 방법을 따라가 보자.

우선 이기는 경우를 ○으로, 지는 경우를 ×로 표시하기로 한 후 A가 2번, B가 1번 이긴 게임의 결과를 표로 나타내면 다음 셋 중 하나이다.

	1회	2회	3회
A	○	×	○
B	×	○	×

또는

	1회	2회	3회
A	○	○	×
B	×	×	○

또는

	1회	2회	3회
A	×	○	○
B	○	×	×

위 3가지는 모두 같은 경우이므로 첫 번째 표를 이용하여 설명해 보자. 게임에서 A와 B가 이길 가능성은 같기 때문에 연장전에서 A가 이기려면 다음 중 하나여야 한다.

	1회	2회	3회	4회
A	○	×	○	○
B	×	○	×	×

이면 A 승! … ①

또는

	1회	2회	3회	4회	5회
A	○	×	○	×	○
B	×	○	×	○	

이면 A 승! … ②

①에서처럼 4회째 A가 이기면 게임은 승! 이때 A가 이길 확률은 $\frac{1}{2}$이다. 아니면 ②에서처럼 4회째 A가 지고, 5회째 A가 이긴다면 게임은 A 승! 이때 A는 한 번은 지고 한 번은 이겨야 하므로 확률은 $\frac{1}{2} \times \frac{1}{2} = \frac{1}{4}$이다. 따라서 A가 이길 확률은 ① 또는 ②이므로 $\frac{1}{2} + \frac{1}{4} = \frac{3}{4}$이고, B가 이길 확률은 1−(A가 이길 확률)이므로 $\frac{1}{4}$이다.

따라서 상금 4만 원의 $\frac{3}{4}$인 3만 원은 A의 몫이고, 나머지 1만 원은 B의 몫이 된다. 땅땅!

 융합 ## 절대 그럴 리 없다고? 그렇다면 확률은 0이다

가끔 우리는 누군가 믿지 못할 소리를 할 때 "절대 그럴 리 없어." 하며 손사래를 칠 때가 있다. 이때 그럴 리 없다는 것은 그럴 가능성이 전혀 없다는 것이다. 이를 확률로 표시하면 '사건이 일어날 확률은 0이다'가 되겠다. 예를 들어 책 읽기를 좋아하지 않는 친구가 밤이 새도록 『꼬마 백만장자 팀 탈러』를 다 읽었다고 하자. '설마 그럴 리가?' 하고 코웃음을 쳤다면 그는 자신의 친구가 책을 다 읽었을 가능성을 0으로 본 것이다.

하지만 앞선 경우와 달리 누구나 100% 믿고 있는 사건도 있다. 해가 동쪽에서 떠올라 서쪽으로 진다거나, 30일이 없는 2월 달력과 같은 것들이 바로 그러한 경우이다. 이때 해가 동쪽에서 떠올라 서쪽으로 지는

확률은 1이고, 2월 30일에 아기가 태어나지 않을 확률 또한 1이다. 이처럼 반드시 일어나는 사건의 확률은 1이고, 절대 일어날 수 없는 사건의 확률은 0이다.

우리 주변에서 일어나는 사건 중 그 확률이 1인 사건과 0인 사건의 예를 들어 보자.

확률이 1인 사건으로는 '오뚝이는 넘어지지 않는다' '사람은 죽는다' '동전을 던졌을 때 앞면이 나오거나 뒷면이 나온다' 등이 있다. 확률이 0인 사건으로는 '생일이 12월 32일이다' '주사위를 던졌을 때 7의 눈이 나온다' '히틀러가 다시 살아난다' 등이 있다.

알렉산더 대왕과 확률

그리스, 페르시아, 인도에 이르는 대제국을 건설한 마케도니아의 알렉산더 대왕 Alexandros the Great에 대한 얘기를 좀 해보자. '알렉산드로스 3세' 라고도 불리는 알렉산더 대왕은 기원전 4세기경 '알렉산드리아'라는 대제국을 건설하고 헬레니즘 문화를 싹트게 했다. 헬레니즘 문화란 그리스 문화와 오리엔트 문화가 융합된 새로운 문화를 가리킨다.

그는 20세의 나이로 그리스 지역에 있는 마케도니아의 왕이 되었는데, 그가 왕이 된 시기는 그리스의 도시국가들이 오랜 전투와 반목으로 세력이 급속도로 약화되어 주변 강대국 페르시아가 호시탐탐 침략의 기회만 노리던 때였다. 이러한 시대 상황 속에서 그리스의 위대한 철학자 아리스토텔레스의 가르침을 받은 알렉산더 대왕은 군대를 이끌고 페르시아로 원정을 떠난다. 그 원정과 관련한 몇 가지 재미있는 일화가 전해져 내려온다.

알렉산더 대왕이 소아시아 지방에 이르렀을 때다. 알렉산더의 군대는 한 신전에 도착했는데, 그 신전은 다음과 같은 전설로 유명했다고 한다. "신전 기둥에 매어져 있는 복잡한 매듭을 푸는 자가 아시아를 지배할 것이다." 기개가 남달랐던 알렉산더 대왕은 매듭을 풀려는 시도조차 없이 즉시 칼을 빼어들고 매듭을 잘라 버렸다.

또 한 번은 알렉산더 대왕이 군대를 이끌고 전쟁터에 나갔는데, 적군이 아군보다 무려 10배가 넘었다. 수적 열세에 당연히 병사들은 겁을 먹

고 주춤거렸다. 상황을 보고 있던 알렉산더 대왕이 홀연히 일어서 손을 들었다. 그의 손에는 동전 하나가 들려 있었다. "이 동전을 던져 나는 우리의 운명을 예측하려고 한다. 만약 이 동전을 던져 앞면이 나오면 우리가 승리하는 것이고, 뒷면이 나오면 우리는 패배할 것이다." 알렉산더 대왕이 비장한 표정으로 동전을 하늘 높이 던지자 병사들은 모두 숨을 죽이고 눈으로 동전을 좇았다. 군사들 앞에 떨어진 동전은 앞면이 위로 올라와 있었다.

"앞면이다! 우리가 이긴다!"

기쁜 함성이 천지를 뒤흔들었다. 이것을 계기로 병사들의 사기는 하늘 높은 줄 모르고 올라 결국 10배가 넘는 적을 물리쳤다고 한다. 승리를 자축하는 자리에서 한 장교가 말했다.

"운명이란 무서운 것입니다. 저희가 10배가 넘는 적을 이겼으니 말입니다."

그러자 알렉산더 대왕이 말했다.

"과연 그럴까? 그 동전은 모두 앞면만 있는 동전이었는걸!"

고정관념을 깨고 풀어야 하는 매듭을 칼로 자르거나, 앞뒤가 똑같은 동전으로 병사들의 사기를 드높인 알렉산더 대왕. 그야말로 21세기가 바라는 창의적인 사람, 창조적인 사람이 아닐까 싶다.

아, 위의 일화에서 동전의 앞면이 나올 확률은 얼마일까? 반드시 동전의 앞면만이 나오게 되어 있으므로 그 사건의 확률은 1이다.

용합 확률을 생각하며 테트리스를 즐겨 봐

누구나 한 번쯤은 해보았을 게임 중 '테트리스'가 있다. 모양이 서로 다른 7개의 블록이 화면 위에서 천천히 떨어질 때 블록을 좌우로 움직여 가로줄을 채워 넣으면 그 줄이 몽땅 사라지면서 점수가 올라가는 게임이다. 테트리스는 소련에서 프로그래머였던 알렉세이 파지노프Alexey Pajinov 가 1985년에 개발한 게임으로, 전 세계적으로 가장 오랫동안 사랑받고 있는 게임이라고 한다.

테트리스의 나이가 올해로 벌써 28세가 되었는데도 불구하고 여전히 모든 세대에서 사랑받고 있는 이유는 무엇일까? 다른 게임처럼 그래픽이 탁월한 것도 아니고, 그렇다고 스케일이 크거나 다양한 시스템을 갖춘 것도 아닌데 말이다. 테트리스의 매력은 '단순함'에 있다. 단순함에서 유발될 수 있는 지루함은 실력에 따른 다양한 난이도로 해결을 본다. 덕분에 테트리스는 만국 공통언어로 전 세계에서 누구나 즐길 수 있는 게임이 되었다.

파지노프는 테트리스의 아이디어를 어디서 얻었을까? 놀랍게도 수족관에 있는 넙치의 몸짓에서 최초의 아이디어를 얻었다고 한다. 춤추듯 내려온 넙치가 바닥과 일체가 되는 모습이나 모래 위를 헤엄칠 때 다른 넙치와 충돌하지 않고 헤엄치는 모습을 보면서 게임의 아이디어를 떠올렸다는 것이다. 넙치의 움직임을 단순화하여 게임 속 도형의 움직임을 떠올렸다니 참 기발하다.

자, 다시 수학적인 이야기로 돌아가 테트리스에서의 점수 획득 확률을 계산해 보자.

다음과 같은 테트리스 게임에서 나타나는 7개의 도형을 이용하여 주어진 가로줄이 모두 지워질 확률은 얼마나 될까? '가' 부분을 채울 수 있는 확률 말이다.

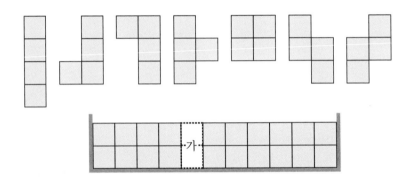

'가'를 채울 수 있는 도형은 주어진 7개의 도형 중에 이므로 확률은 $\frac{3}{7}$이 된다.

용합 선택을 바꿀 것인가, 말 것인가?

'몬티 홀 문제Monty Hall problem'에 대해서 들어 본 적 있는가? 몬티 홀 문제는 미국의 TV 게임 쇼 〈Let's Make a Deal〉에서 유래한 퍼즐이다.

퍼즐의 이름은 이 게임 쇼의 진행자 몬티 홀의 이름에서 따온 것이다. 그 내용은 다음과 같다.

진행자 몬티 홀은 방송 출연자에게 "저기 문 3개가 있지요? 그중 하나의 문 뒤에는 승용차가 있고, 나머지 문 뒤에는 자전거가 있습니다. 문 하나를 선택하면 그 뒤에 있는 것을 선물로 드리지요."라고 말했다. 이때 출연자는 속으로 '음~ 승용차를 차지할 확률은 $\frac{1}{3}$이군. 그 정도면 괜찮아. 운이 따라 줄 거야." 하면서 회심의 미소를 짓는다. 하지만 몬티 홀은 이어서 또 하나의 제안을 한다.

"당신이 하나의 문을 선택하고 나면 내가 남은 문들 중에 하나의 문을 열어 보여 줄 것입니다(모든 상황을 알고 있는 몬티 홀은 출연자가 선택하고 남은 문 중에서 자전거가 있는 문 하나를 열어 보일 것이다). 그때 선택을 바꿀 수 있는 기회를 한 번 더 드리지요. 원래의 선택을 바꾸거나 기존의 선택을 고수하거나 모두 당신 마음에 달려 있습니다."

이 같은 상황에서 자동차를 갖고 싶은 출연자는 선택을 바꿀지 말지에 대해 깊이 고민하게 될 것이다. 이것이 바로 몬티 홀의 딜레마이다.

이제부터 우리는 자동차를 갖기 위해서는 원래의 선택을 바꾸는 것이 유리할지, 바꾸지 않는 것이 유리할지 그것을 확률적으로 따져 보기로 하자.

첫째, 선택한 문을 바꾸지 않고 자동차를 갖게 될 확률은 $\frac{1}{3}$이다. 왜냐하면 처음에 자동차가 있는 문을 선택하고 그 선택을 바꾸지 않으면 자동차를 갖게 되는데, 자동차가 있는 문을 선택할 확률은 3개 중 1개이므로 $\frac{1}{3}$이다.

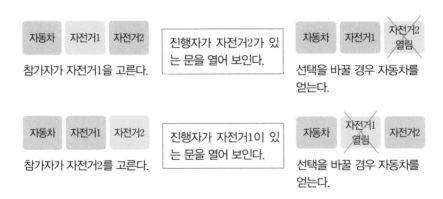

둘째, 선택한 문을 바꾸고 자동차를 갖게 될 확률은 $\frac{2}{3}$이다. 왜냐하면 처음에 자전거1 또는 자전거2가 있는 문을 고른 다음 그 선택을 바꾸게 되면 자동차를 얻게 되는데, 자전거1 또는 자전거2를 고를 가능성은 $\frac{2}{3}$이다.

결론적으로 참가자가 선택한 문을 바꾸지 않을 경우 자동차를 얻을 확률은 $\frac{1}{3}$이지만 선택한 문을 바꿀 경우 자동차를 얻을 확률은 $\frac{2}{3}$이다. 따라서 선택을 바꾸는 것이 더 유리하다.

도형의 성질

삼각형의 내심은 뭐야?

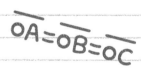

$$\overline{OA} = \overline{OB} = \overline{OC}$$

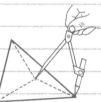

도형의
성질

 교과 **이등변삼각형이 갖고 있는 성질이 궁금해**

사람마다 나름의 성질을 갖고 있듯이 삼각형이나 사각형과 같은 도형도 그들 나름의 성질을 가지고 있다. 이미 알고 있듯 삼각형은 두 변의 길이의 합은 나머지 한 변의 길이보다 크고, 세 내각의 크기의 합은 항상 180°가 된다는 성질을 가지고 있다. 또 사각형은 네 내각의 크기의 합이 360°가 된다는 성질을 가지고 있다.

좀 더 세분화해서 살펴보면 삼각형 중에서도 이등변삼각형이냐, 직각삼각형이냐에 따라 그 성질이 달라지고, 또 사각형 중에서도 평행사변형이냐, 직사각형이냐 또는 마름모냐, 정사각형이냐에 따라 그 성질이 또 달라진다.

그럼 이등변삼각형의 성질부터 알아보자.

수많은 삼각형 중에 어떤 삼각형을 이등변삼각형이라고 부를까? '등변等邊'이라는 이름에서 알 수 있듯이 '두 변의 길이가 같은 삼각형'을 이등변삼각형이라고 한다. 삼각형 중에서 특별히 두 변의 길이가 같은 삼각형을 이등변삼각형이라고 부르기로 한 것은 하나의 약속이다. 이렇게 약속을 해두면 왜 그러는지 따로 증명할 필요가 없이 그냥 그대로 받아들이면 된다. 마치 내 이름을 '꼼지'라고 해두면 왜 꼼지라고 하는지 따져 물을 필요 없이 그냥 꼼지라고 불러주기만 하면 되듯이 말이다.

이런 약속을 좀 어려운 말로 '정의'라고 한다. 따라서 이등변삼각형의 정의는 "두 변의 길이가 같은 삼각형"이다. 이 같은 수학 용어에 대한 약속, 즉 정의는 아주 중요하므로 꼭 기억해 둬야 한다. 사람의 이름을 기억하듯 말이다.

앞서 우리는 이등변삼각형의 정의를 증명 없이 받아들일 필요가 있다고 강조했다. 그렇다면 "이등변삼각형의 두 밑각의 크기는 같다"는 것 또한 증명 없이 받아들여야 하는 정의일까? 그렇지 않다. 어떤 수학 용어에 대한 정의는 단 1개이고, 이등변삼각형의 정의는 이미 설명했다시피 "두 변의 길이가 같은 삼각형이다"이다. 따라서 "이등변삼각형의 두 밑각의 크기는 같다"는 것은 정의가 아니라 이등변삼각형이 가진 고유의 성질이다. 때문에 우리는 이등변삼각형이 왜 그러한 성질을 갖게 됐는지를 궁금해 하고 따져 물어야 한다.

어떤 방법으로? 증명을 통해서!

이등변삼각형의 두 밑각의 크기가 같은지
어디 한번 따져 보자

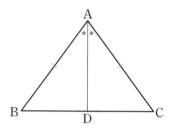

위 그림과 같은 이등변삼각형에서 ∠A의 이등분선과 변 BC가 만나
는 점을 D라고 하면 △ABD와 △ACD가 생기는데 이때 다음과 같다.

$$\overline{AB} = \overline{AC} \cdots ①$$

$$\angle BAD = \angle CAD \cdots ②$$

$$\overline{AD}는 공통 \cdots ③$$

①, ②, ③에서 △ABD ≡ △ACD(SAS합동)

$$\therefore \angle B = \angle C$$

즉 이등변삼각형의 두 밑각의 크기는 같다.

이와 같이 꼼꼼하게 따져 물어가며 밝히는 것을 '증명'이라고 한다.
이 같은 증명 과정을 한 번 거치게 되면 그것은 참으로 인정되어 '정리'

라는 이름을 달게 되는데, 한 번 정리로 인정을 받게 되면 다시는 증명
할 필요가 없다.

　이제 "이등변삼각형의 두 밑각의 크기는 같다"라는 이등변삼각형의 성
질은 증명 과정을 거쳤으므로 정리가 되었다. 아, 그런데 이등변삼각형
에는 또 하나의 정리가 있다. "이등변삼각형의 꼭지각의 이등분선은 밑
변을 수직 이등분한다"는 것이다.

　정리 1인 "이등변삼각형의 두 밑각의 크기는 같다"와 정리 2인 "이등
변삼각형의 꼭지각의 이등분선은 밑변을 수직 이등분한다"는 모두 이등
변삼각형만이 갖고 있는 성질이다. 즉 아무리 못생긴 이등변삼각형이라
할지라도 이등변삼각형이기만 하면 두 밑각의 크기는 서로 같고, 꼭지각
의 이등분선은 반드시 밑변을 수직 이등분한다는 것이다.

융합 인천대교, 거가대교에서 이등변삼각형을 찾아 봐

　'사장교'라는 말을 들어 본 적이 있는가? 한자어 '사장斜 비스듬할 사, 張 넓
힐 장'에서 알 수 있듯이 케이블이나 와이어 같은 끈을 비스듬하게 매달아
서 만든 다리를 사장교라고 부른다.

　사장교는 경제적인 데다 설계에 따라 얼마든지 아름답고 훌륭한 다리
를 만들 수 있어 특히 선호되는 다리의 형태이다. 우리나라의 올림픽대
교, 서해대교, 인천대교, 진도대교, 거가대교 등이 사장교 방식으로 지

어진 다리이다.

그럼 최근에 완공된 거가대교 사진을 자세히 살펴보자. 지금 도형을 공부하고 있는 우리 친구들은 단숨에 사진 속 이등변삼각형을 발견했을 것이다. 사장교에서 이등변삼각형은 어떤 역할을 할까? 다리를 단단하게 지탱하는 역할을 한다. 어느 한쪽으로 기울지도 않고, 정확히 상판을 수직이등분하는 자리에 서 있는 탑을 중심으로 이루어진 이등변삼각형은 그 안에 균형과 단단함을 유지하고 있다.

이 같은 균형의 원리는 하늘을 나는 행글라이더에서도 찾아볼 수 있다. 행글라이더는 정면에서 보면 이등변삼각형 모양이다. 그 이유가 이등변삼각형의 성질 "꼭지각의 이등분선은 밑변을 수직 이등분한다"는 데 있다. 이 성질 때문에 행글라이더는 어느 한쪽으로도 쏠리지 않고 균형을 유지할 수 있다.

거가대교

행글라이더

아무리 못생긴 삼각형이라도 외접원을 그릴 수 있어

다음 그림과 같이 △ABC의 세 꼭짓점이 모두 원 O 위에 있을 때, 원 O는 △ABC에 외접한다고 하고, 원 O를 △ABC의 '외접원'이라고 한다. 또 삼각형의 외접원의 중심을 그 삼각형의 '외심'이라고 한다.

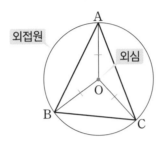

만약 다음 그림처럼 원 O가 사각형에 외접하면 원 O는 사각형의 외접원이 된다.

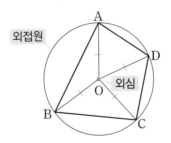

이처럼 외접원이란 다각형의 모든 꼭짓점을 지나는 원을 말한다. 하지만 모든 다각형이 외접원을 갖는 것은 아니다. 아주 특별한 다각형만이 외접원을 그릴 수 있다. 삼각형이나 정다각형과 같은 다각형들이 바로 특별한 다각형에 속한다. 단, 특별한 조건을 갖추게 되면 정사각형이 아닌 사각형도 외접원을 그릴 수 있게 되는데, 이는 3학년 과정에서 자세히 다루게 될 것이므로 조금만 미뤄 두자.

어쨌든 여기서 주목해야 할 것은 아무리 못생긴 삼각형이라 할지라도 삼각형이기만 하면 무조건 외접원을 그릴 수 있고, 때문에 삼각형에는 반드시 외심이 존재한다는 것이다.

 ## 교과 외심을 찾아 봐

외접원의 중심인 외심은 종이접기로도 간단히 찾을 수 있다. 우선 종이 한 장을 꺼내 삼각형을 오린다. 오려진 삼각형의 각 변을 꼭짓점끼리 겹치도록 해서 반으로 접는다. 이때 접어서 생긴 교점이 바로 외심이고, 이 외심에서 각 꼭짓점까지의 거리는 모두 같으므로 이것을 반지름으로 하여 외접원을 그릴 수 있다.

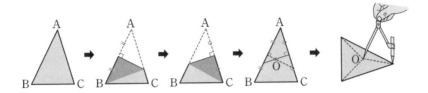

이처럼 △ABC의 세 변의 수직이등분선은 한 점 O(외심)에서 만난다.

그런데 사실 이렇게 쉽게 교점(외심)을 찾긴 했지만, 생각해 보면 세 변의 수직이등분선이 한 점(외심)에서 만난다는 것은 참 신기한 일이 아닐 수 없다. 두 직선이 한 점에서 만나는 것도 아니고 세 직선이 한 점에서 만난다는 것, 그것도 수직이등분선이라는 일정한 규칙을 가지고 말이다. 이렇게 까다로운 조건을 만족하는 점(외심)이 모든 삼각형 안에 반드시 1개씩 있다니! 경이로울 뿐이다.

교과 삼각형의 **외심도** 성질이 있어

삼각형의 외심은 어떤 성질을 가지고 있을까?

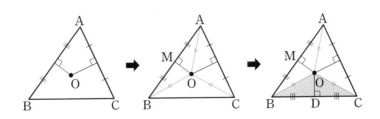

가장 확실한 성질은 "삼각형의 외심에서 세 꼭짓점에 이르는 거리는 같다"이다. 즉 $\overline{OA} = \overline{OB} = \overline{OC}$이다.

왜 그럴까?

그림에서처럼 $\overline{AB}$의 수직이등분선 위의 한 점 O에서 두 점 A, B에 이르는 거리는 같다. 즉 점 O가 수직이등분선 위에 있기만 하면 $\triangle OAM \equiv \triangle OBM$(SAS합동)이므로 $\overline{OA} = \overline{OB}$이다.

이 같은 방법으로 생각하면 $\triangle ABC$에서 점 O는 두 변 AB, AC의 수직이등분선 위의 점이므로 $\overline{OA} = \overline{OB}$, $\overline{OA} = \overline{OC}$이다. 따라서 $\overline{OA} = \overline{OB} = \overline{OC}$이다.

이 외에도 외심에서 기억해 둬야 할 성질은 여럿 있다.

모든 삼각형에는 외심이 반드시 존재한다거나 삼각형의 모양에 따라 외심의 위치는 다르다는 것, 예각삼각형의 외심은 삼각형의 내부에 있고, 둔각삼각형의 외심은 삼각형의 외부에 있으며, 직각삼각형의 외심은 빗변의 중점에 있다는 것 등이다. 특히 직각삼각형의 외심은 빗변의 중점에 있기 때문에 직각삼각형에서 외접원의 반지름의 길이는 빗변 길이의 $\frac{1}{2}$과 같게 된다.

참고로 삼각형의 외심은 주로 Outer Point의 머리글자 O를 사용하여 나타낸다.

예각삼각형	직각삼각형	둔각삼각형
삼각형의 내부	빗변의 중점	삼각형의 외부

 미션! 타임캡슐의 위치를 찾아라

늘 붙어 다니는 세 친구가 있다. 어느 날 한 친구가 십대 시절의 추억을 타임캡슐에 담아 묻어 두자고 제안했다. 다른 친구들도 흔쾌히 찬성하자 그들은 머리를 맞대고 타임캡슐을 어떤 과정으로 묻고 파낼 것인지에 대해 논의했다. 세 친구가 생각해낸 방법은 다음과 같다.

1. 셋 모두 자신과 친구들에게 편지를 한 통씩 쓴다.
2. 그 편지들을 썩지 않게 유리병에 담는다.
3. 어딘가에 묻어 둔다.
4. 10년이 지난 오늘 모두 함께 만나서 열어 본다.

그런데 문제가 생겼다. 세 친구가 세 번째 항목, 타임캡슐을 어디에 묻을지에 대해 이견을 좁히지 못했던 것이다. 한 친구는 학교에 묻어 두자고 제안했고, 또 다른 친구는 자신의 집이 최적의 장소라 강조했으며, 마지막 친구는 마을 가까이에 있는 산을 추천했다. 왈가왈부 끝에 타임캡슐을 파묻을 장소가 결정되었다. 세 친구 집에서 같은 거리에 있는 '어떤 곳'에 타임캡슐을 묻기로 한 것이다.

　여기서 질문, 타임캡슐이 묻힌 자리는 과연 어디였을까? 답은 간단하다. 세 친구의 집이 다음과 같은 위치에 있을 때, 세 집을 꼭짓점으로 하는 삼각형의 외심을 구하기만 하면 타임캡슐이 묻힌 자리를 계산해 낼 수 있기 때문이다. 삼각형의 외심! 그곳이 바로 캡슐 자리이다.

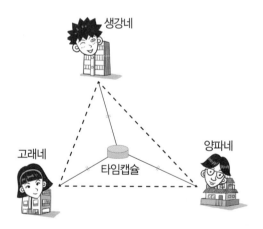

문화재 수막새는 어떻게 복원하는 거야?

다음 그림처럼 컴퍼스를 이용하여 원을 그려 보자.

이때 만약 원의 중심을 잃어 버렸다면 어떻게 해야 원의 중심을 다시 찾을 수 있을까? 어떤 친구는 "뭐 굳이 없어진 점을 찾아요? 그냥 다른 곳에 그리면 되지."라고 말할지도 모르겠다. 물론 종이가 충분해서 새로운 종이에 다시 원을 그릴 수만 있다면야 굳이 없어진 점을 찾기 위해 노력할 필요는 없을 것이다.

하지만 7세기 신라의 유물, '얼굴 무늬 수막새'와 같은 귀한 문화재가 훼손되었다면? '신라의 미소'로 불리는 이 기와는 살짝 웃는 모습에 눈, 코, 입이 사실적으로 묘사되어 있다. 사람의 얼굴이 새겨진 기와는 익산 미륵사터, 경주 황룡사터 등에서도 출토되었지만, 막새기와에 사람 얼굴을 나타낸 것으로는 이것이 유일하다. 이렇게 훼손된 경우에는 새로운 종이에 새로운 원을 그리는 것처럼 얼굴 무늬 수막새를 다시 만들 수는 없다. 다시 만들어 봤자 새로운 얼굴 무늬 수막새는 진품이 아니라 복제품에 불과할 테니 말이다.

때문에 손상된 문화재는 복원 과정을 거치게 된다. 얼굴 무늬 수막새와 같은 원 모양의 문화재를 복원하기 위해서는 수학이 필요하다. 잃어버린 원의 중심을 다시 찾아야 하기 때문이다. 원의 중심은 어떻게 찾을 수 있을까? 삼각형의 외심의 성질을 이용하면 간단하다.

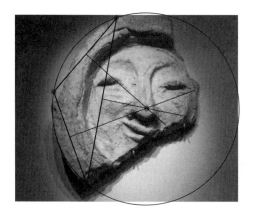

위의 그림처럼 수막새의 테두리에 적당한 세 점을 잡아 삼각형을 그린 다음 삼각형의 외심을 찾으면 그 점이 수막새의 중심이 된다. 이때 외심을 중심으로 외접원을 그리면 훼손된 수막새의 테두리가 그려진다. 삼각형의 외심을 통해 원의 중심을 구하고 문화재를 복원할 수 있게 된 것이다.

 ## 삼각형의 내심은 뭐야?

다음의 그림과 같이 원 I가 △ABC의 모든 변에 접할 때 원 I는 △ABC 에 '내접한다'고 하고, 원 I를 △ABC의 '내접원'이라고 한다. 또 삼각형의 내접원의 중심을 그 삼각형의 '내심Inner point'이라고 한다.

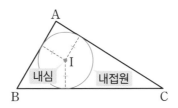

만약 다음 그림처럼 원 I가 사각형에 내접하면 원 I는 사각형의 내접 원이 된다. 이처럼 내접원이란 '다각형의 안쪽에서 모든 변을 지나는 원' 을 말한다.

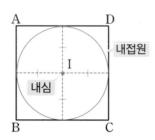

그렇다면 모든 다각형은 이처럼 내접원을 그릴 수 있는 것일까? 앞에서 공부한 외접원처럼 삼각형이나 정다각형처럼 아주 특별한 다각형만이 내접원을 그릴 수 있다. 하지만 삼각형의 경우 아무리 못생겼다 하더라도, 즉 예각삼각형이든 둔각삼각형이든 직각삼각형이든지 간에 삼각형이기만 하면 언제든지 내접원을 그릴 수 있다.

그리고 내심도 외심처럼 종이접기를 이용하여 간단히 찾을 수 있다. 다음 그림처럼 종이 한 장을 꺼내 삼각형을 오린다. 오려진 삼각형의 두 변끼리 겹치도록 접었다가 펼친다. 이때 생긴 교점이 바로 내심이다. 이처럼 세 내각의 이등분선은 반드시 한 점 I, 즉 내심에서 만난다.

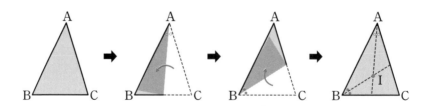

교과 ## 삼각형의 내심도 성질이 있어

삼각형의 내심은 어떤 성질을 가지고 있을까?

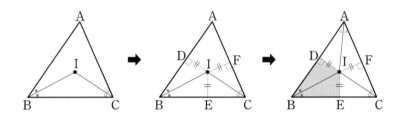

가장 확실한 성질은 "삼각형의 내심에서 세 변에 이르는 거리는 모두 같다"이다.

즉 $\overline{ID}=\overline{IE}=\overline{IF}$이다.

왜 그럴까?

앞의 그림에서처럼 ∠B의 이등분선 위의 한 점 I에서 두 변 AB, BC 에 이르는 거리는 같다. 왜냐하면 점 I가 ∠B의 이등분선 위에 있으므 로 △IBD≡△IBE(RHA합동)이 되기 때문이다. 따라서 $\overline{ID}=\overline{IE}$이다.

이와 같은 방법으로 생각하면 △ABC에서 점 I는 두 각 B, C의 이 등분선 위의 점이므로 $\overline{ID}=\overline{IE}$, $\overline{IE}=\overline{IF}$ 따라서 $\overline{ID}=\overline{IE}=\overline{IF}$이다. 즉 △ABC의 내심 I에서 삼각형의 세 변에 이르는 거리는 모두 같다.

이 외에도 내심에서 기억해 둬야 할 성질은 여럿 있다.

모든 삼각형에는 내심이 반드시 존재한다거나 삼각형의 모양에 따라 내심의 위치는 다르고, 삼각형의 내심은 모두 삼각형 내부에 있다는 것 등이다.

참고로 삼각형의 내심은 주로 Inner Point의 머리글자 I를 사용하여 나타낸다. 또 삼각형의 내접원은 삼각형 내부에 그릴 수 있는 수많은 원 중에서 가장 큰 원이고, 삼각형의 외접원은 삼각형 외부에 그릴 수 있는 수많은 원 중에서 가장 작은 원이다.

교과 평행사변형도 나름의 성질이 있어

우리 친구들은 사각형하면 무엇이 먼저 떠오르는가? 정사각형? 직사각형? 이제부터는 사각형하면 우선 평행사변형을 떠올리도록 하자.

평행사변형은 여러 사각형, 즉 직사각형이나 마름모 또는 정사각형을 모두 품고 있는 상당히 오지랖 넓은 사각형이다. 때문에 평행사변형의 성질은 다른 여러 사각형의 성질을 파악하는 데 아주 중요한 역할을 수행한다. 따라서 우리는 사각형의 대표주자로 평행사변형을 떠올릴 필요가 있다. 그럼 평행사변형에 대해 꼼꼼히 알아보자.

평행사변형의 정의는 "두 쌍의 대변이 각각 평행한 사각형"이다. 사각형 중에서 특별히 두 쌍의 대변이 각각 평행한 사각형을 평행사변형이라고 부른다. 이 같은 정의는 하나의 약속이니까 반드시 기억해 둬야 한다. 이 외에도 평행사변형의 성질을 알아보자.

> 1. 두 쌍의 대변의 길이가 각각 같다.
> 2. 두 쌍의 대각의 크기가 각각 같다.
> 3. 두 대각선은 서로 다른 것을 이등분한다.

이 같은 성질들은 정의와 같은 약속이 아니므로 증명을 통해 정말로 그러한지 따져볼 필요가 있다. 먼저 평행사변형의 두 쌍의 대변의 길이가 정말 각각 같은지 살펴보자. 다음 그림처럼 평행사변형 ABCD에 대각선 AC를 그으면 2개의 삼각형이 생긴다.

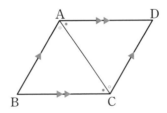

이때 2개의 △ABC와 △CDA에서 대변이 서로 평행, 즉 $\overline{AD} /\!/ \overline{BC}$ 이다.

그러므로 ∠ACB＝∠CAD(엇각) ⋯ ①이다.

또 $\overline{AB} /\!/ \overline{DC}$이므로 ∠BAC＝DCA(엇각) ⋯ ②이다.

$\overline{AC}$는 공통인 변 … ③이다.

①, ②, ③에 의해 두 삼각형은 서로 합동, 즉 △ABC≡△CDA(ASA 합동)이다. 따라서 $\overline{AB}=\overline{DC}$, $\overline{AD}=\overline{BC}$이다.

즉 평행사변형은 두 쌍의 대변의 길이가 각각 같다. 다시 말해서 평행사변형이기만 하면 아무리 못생겼다 하더라도 두 쌍의 대변의 길이가 각각 같다는 것이다.

증명이 안 된 나머지 성질들은 각자 따져보도록 하자. 앞서 얘기했듯이 평행사변형은 직사각형이나 마름모, 정사각형을 그 안에 품고 있기 때문에 앞서 살펴본 평행사변형의 성질은 직사각형이나 마름모, 정사각형에도 그대로 적용된다. 다시 말해 직사각형, 마름모, 정사각형은 모두 평행사변형의 하나이므로 평행사변형이 갖고 있는 성질을 모두 그대로 가진다는 것이다. 이렇게 여러 종류의 사각형들은 서로 밀접하게 연결되어 있다.

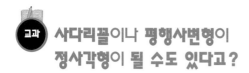

교과 사다리꼴이나 평행사변형이 정사각형이 될 수도 있다고?

사다리꼴도 나름의 조건을 갖추면 직사각형이나 마름모 또는 정사각형이 될 수 있다. 예를 들어 사각형 중에서 한 쌍의 대변이 평행하면 사다리꼴이 되고, 사다리꼴 중에서 다른 한 쌍의 대변이 서로 평행하게 되

면 평행사변형이 되며, 평행사변형 중에서는 한 내각이 직각이면 직사
각형이 되고, 이웃하는 두 변의 길이가 서로 같으면 마름모가 되는 식으
로 말이다.

이 같은 관계를 간단히 정리하면 다음과 같다.

평행사변형에서 { ① 한 내각의 크기가 90°이면
② 두 대각선의 길이가 같으면
③ 이웃하는 두 내각의 크기가 같으면

➡ 직사각형이 된다.

평행사변형에서 { ① 이웃하는 두 변의 길이가 같으면
② 두 대각선이 서로 직교하면
③ 대각선이 내각을 이등분하면

➡ 마름모가 된다.

마름모에서 { ① 한 내각의 크기가 90°이면
② 두 대각선의 길이가 같으면
③ 이웃하는 두 내각의 크기가 같으면

➡ 정사각형이 된다.

직사각형에서 { ① 이웃하는 두 변의 길이가 같으면
② 두 대각선이 서로 직교하면
③ 대각선이 내각을 이등분하면

➡ 정사각형이 된다.

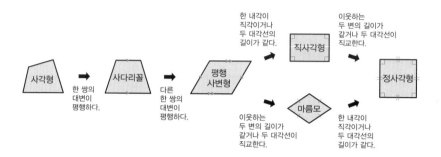

한 내각이
직각이거나
두 대각선의
길이가 같다.

이웃하는
두 변의 길이가
같거나 두 대각선이
직교한다.

직사각형

정사각형

사각형

사다리꼴

평행
사변형

마름모

한 쌍의
대변이
평행하다.

다른
한 쌍의
대변이
평행하다.

이웃하는
두 변의 길이가
같거나 두 대각선이
직교한다.

한 내각이
직각이거나
두 대각선의
길이가 같다.

 융합

사각형은 단단하지 않는 대신에 유연해

사각형은 삼각형과 달리 헐렁하다. 때문에 이런 저런 모양으로 바뀌어 버리기 일쑤다. 이러한 사각형의 유연함이 실생활에서 유용하게 쓰이고 있다. 마치 삼각형의 단단한 성질을 이용해서 만든 세발자전거나 삼각대가 실생활에서 유용하게 쓰이듯이 말이다.

다음 그림의 빨래 건조대를 보자.

평소에는 천장으로 높이 올려놓았다가 빨래를 널 때는 아래로 쭉 내려서 사용하는 건조대. 이 건조대의 높낮이를 조절할 수 있게 하는 것이 바로 마름모의 유연함이다. 쭉 내리면 길쭉한 마름모가 되었다가 올리면 옆으로 퍼진 마름모가 되는 사각형의 유연한 성질은 언제든지 변형될 준비를 하고 있어 건조대의 높낮이 조절이라는 기능을 수행할 수 있는 것이다. 이때 건조대를 높이 올려 놓

천장과 평행!

든 아래로 쭉 내려서 사용하든지 간에 빨래를 너는 봉은 높이와 상관없이 항상 천장과 평행을 유지한다. 왜 그럴까? 그 이유 역시 마름모에서 찾아 볼 수 있다. 건조대가 마름모를 유지하고 있는 이상 지지대에 매달려 있 는 봉은 천장과 평행을 유지할 수밖에 없기 때문이다.

정말 그러한지 알아보자.

다음 그림에서처럼 사각형 ABCD는 마름모이기만 하면 AC의 길이 와 상관없이 ∠AOD＝∠AOB＝90°이다.

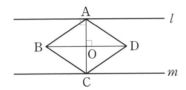

마름모의 두 대각선은 언제나 서로 다른 것을 수직 이등분하기 때문 이다. 이때 천정과 대각선 AC가 수직이면 엇각의 크 기가 같게 되고, 또 엇각의 크기가 서로 같으면 두 직선은 서로 평행하므로 천정과 봉은 언제나 평행을 유지할 수 있게 되는 것이다. 건조대 가 마름모 모양을 잃지만 않으면 평행을 유 지할 수 있다.

이와 같은 사각형의 유연함과 마름모의 성질은 공사현장에 있는 고소 작업대에서

도 찾아볼 수 있다. 고소 작업대는 높은 곳에서 작업할 수 있게 해 주는 수직 이동식 장비인데, 이 작업대 역시 지지대 모양이 항상 마름모꼴로 되어 있다. 마름모가 작업대가 위아래로 움직여도 항상 수평을 유지하여 안전하게 작업할 수 있도록 해 주기 때문이다.

 융합 **평행사변형 건물, 푸에르타 데 유로파**

다음 사진은 미국의 시사 주간지 『타임』이 발표한 세계에서 가장 위태로운 건축물 중 1, 2위 건물이다.

피사의 사탑

캐피탈 게이트

가장 위태롭다는 건물 중에는 피사의 사탑, 캐피탈 게이트 외에도 푸에르타 데 유로파Puerta de Europa도 있다. 이 세 건물의 공통점은 무엇일까? 비스듬히 기울어져 있다는 것이다.

푸에르타 데 유로파

때문에 기울기 정도에 따라 위험 순위가 달라져야 할 것이다. 하지만 피사의 사탑 기울기가 5.5°인 반면 캐피탈 게이트의 기울기는 무려 18° 인데도 불구하고 피사의 사탑이 위험 순위 1순위를 달리고 있다. 그 이유 는 캐피탈 게이트는 지진과 중력, 강풍을 견뎌낼 수 있게 인위적으로 설 계된 건물이지만, 피사의 사탑은 아직까지 사탑이 기울어진 이유조차 확 실하게 밝혀지지 않은 건축물이라는 데 있다.

'유럽의 관문'이란 뜻을 가진 스페인 건축물 푸에르타 데 유로파는 '키 오 타워Kio Tower'라고도 불리는데, 26층의 건물 두 동이 도로를 사이에 두고 비스듬히 기울어져 있다. 이 건축물을 보는 순간 사각형의 유연함을 느낀 친구가 있을지 모르겠다.

4개의 띠를 가지고 압정을 꽂아 직사각형을 만든 뒤 15°만큼 밀어보자(『중1이 알아야 할 수학의 절대지식』243페이지 참조). 틀림없이 푸에르타 데 유로파와 같은 비스듬한 평행사변형 모양이 발견될 것이다. 사각형의 유연한 성질 때문에 그렇다. 이 같은 수학의 정의를 품고 있는 푸에르타 데 유로파는 인간의 한계를 뛰어넘은 위대한 건축물이란 평가를 받고 있다. 이 기회에 상상을 초월한 자신만의 건축물을 마음속에 그려 보자.

뾰족한 땅을 네모반듯한 땅으로 만들어 봐

다음과 같이 넓이가 똑같은 3가지 모양의 종이가 있다고 하자. 이 중에 한 장을 선택해서 그림을 그려야 한다면 우리 친구들은 어떤 모양의 종이를 선택할까?

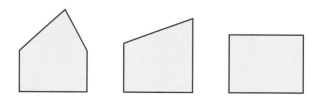

대부분의 친구들은 아마 마지막 종이를 선택할 것이다. 같은 넓이라

하더라도 뾰족할 경우 활용도가 낮기 때문이다. 농사를 짓거나 건물을 지어야 할 땅의 모양이 뾰족하다면 어떻겠는가. 불편함 정도가 아니라 경제적인 손실까지도 생각해 봐야 할 것이다. 경제적인 손실! 여기에 주목하고 농촌 땅을 대대적으로 정비하는 작업이 바로 나라에서 하는 경지 정리이다.

경지 정리를 하게 되면 뾰족한 모양의 땅 (가)와 (나)는 그림처럼 반듯한 모양으로 바뀌게 되어 땅의 활용도가 훨씬 높아지고 농업 생산성 또한 상승하게 된다. 이때 가장 주의해야 할 점은 땅의 넓이를 변함없이 유지하는 일이다.

어떻게 땅의 넓이를 그대로 유지하면서 땅 모양을 바꿀 수 있을까? 평행선과 도형의 넓이 사이의 관계를 이해하면 '아하!' 하며 무릎을 치게 될 것이다.

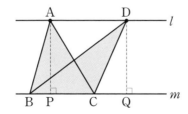

앞의 그림에서처럼 직선 l과 m이 평행하면 모양이 다른 △ABC와 △DBC의 넓이는 서로 같다. 두 삼각형의 밑변의 길이가 같고 직선 l 위의 어느 점을 잡아도 높이 또한 같으므로 두 삼각형은 같은 넓이를 가지게 되는 것이다. 이 같은 평행선과 도형의 넓이 사이의 관계를 이해하게 되면 다음과 같은 방법으로 땅의 모양을 바꿀 수 있다.

뾰족한 오각형 AEFCB 모양의 땅을 쓸모 있는 사각형 AEFD 모양으로 바꿔 보자.

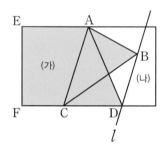

첫째, 대각선 AC를 긋는다.

둘째, 꼭짓점 B를 지나며 대각선 AC와 평행한 직선 l을 긋는다.

셋째, 선분 AB, BC를 C 방향으로 연장하여 앞서 그은 직선과의 교점을 D라 하면 △ABC＝△ADC이다.

넷째, 따라서 오각형 AEFCB의 넓이와 사각형 AEFD의 넓이는 같다.

도형의 닮음

$$\overline{BC} : \overline{MN} = 2 : 1$$

축구공과 야구공이
서로 닮았다고?

△ABC ∽ △DEF

여섯째 마당

도형의 닮음

 일상에서 말하는 닮음과
수학에서 말하는 닮음은 다르다?

"아기가 엄마를 쏙 빼닮았다."에서의 닮음은 수학에서의 닮음과 같은 의미일까, 다른 의미일까? 수학에서 말하는 닮음은 2개의 도형에서 한 도형을 확대하거나 축소했을 때 다른 도형과 합동이 되는 두 도형을 서로 '닮음' 관계에 있다, 또는 서로 '닮았다'라고 일컫는 것을 의미한다.

하지만 일상생활 속에서 '서로 닮았다'라는 표현은 모양만을 따졌을 때 비슷하게 생겼다는 것을 의미하므로 수학 속 닮음과는 그 의미가 매우 다르다.

우리가 앞으로 공부하게 될 수학에서의 닮음은 무엇보다 확대와 축소의 의미를 품고 있다는 것을 기억해야 한다. 말하자면 두 도형이 닮았을 경우 적당히 축소하거나 확대하면 어김없이 두 도형은 합동이 된다는 것이다.

예를 들어 '축소 복사'와 '확대 복사'를 떠올려 보자. 어떤 글씨나 그림을 줄이거나 늘이고 싶을 때 축소 복사와 확대 복사를 하는데, 2배로 확대 복사를 한다면 어떤 변화가 일어날까? 모양은 실제 사물과 똑같으면서 크기만 2배로 확대될 것이다. 이때 확대 복사된 것과 원래의 것은 서로 닮음 관계에 있다.

축소나 확대 복사뿐만이 아니다. 우리 생활 주변에는 실제 사물과 똑같은 모양으로 확대 또는 축소해 주는 기구들이 있는가 하면, 실제로 확대 또는 축소해서 만들어 놓은 것들도 여럿 있다.

일정한 비율로 확대해 주는 것으로는 이비인후과 의사가 쓰고 있는 현미경이나 시계방 아저씨가 쓰고 있는 확대경을 들 수 있고, 확대해서 만든 것으로는 위인의 동상이나 동물 모양을 크게 만든 조형물 등을 들 수 있다.

또 일정한 비율로 축소해서 만든 것으로는 큰 건물을 짓기 위해 그린 설계도나 조감도, 혹은 길을 찾을 때 유용하게 쓰이는 지도 등이 있고, 일정한 비율로 축소해 주는 것으로는 망원경을 들 수 있다.

이처럼 작으면 크게 확대하고, 또 너무 크면 작게 축소하자는 것이 수학에서 말하는 닮음의 원리인 것이다.

닭은 도형에도 성질이 있어

서로 닮은 도형에는 어떤 성질이 있을까? 그것의 이름을 '닮음의 성질'이라고 해 두고 평면도형과 입체도형으로 나누어 생각해 보자. 평면도형에서의 닮음의 성질은 다음과 같다.

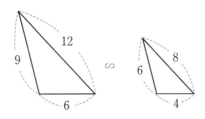

첫째, 대응하는 변의 길이의 비는 일정하다. 예를 들어 위 그림과 같은 2개의 닮음 삼각형에서 대응변의 길이의 비 6:4=9:6=12:8은 모두 3:2로 일정한데, 이때 일정한 비 3:2를 '닮음비'라고 한다. 참고로 합동인 두 도형은 닮음비가 1:1이다.

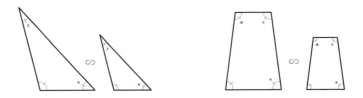

둘째, 대응하는 각의 크기는 서로 같다. 위 그림에서처럼 서로 대응하

는 각의 크기는 각각 같다는 것이다.

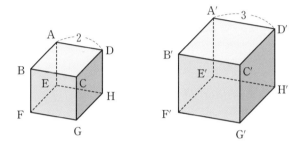

그렇다면 입체 도형에는 어떤 닮음의 성질이 있을까? 위 그림에서 오른쪽 직육면체는 왼쪽 직육면체를 확대한 것으로 둘은 서로 닮았다. 즉 두 직육면체는 닮은 도형이다. 이때 입체도형인 직육면체를 사각형 ABCD와 사각형 A'B'C'D'를 뚝 떼어 생각해 보면 둘은 서로 닮은 평면도형이고, 대응하는 모서리의 길이의 비는 2 : 3으로 일정하다. 따라서 두 직육면체의 닮음비는 2 : 3이다.

즉 □ABCD∞□A'B'C'D'이고, □BFGC∞□B'F'G'C',⋯이므로 $\overline{AB} : \overline{A'B'} = \overline{BC} : \overline{B'C'}$, ⋯=2 : 3이다. 이처럼 입체도형에서는 입체도형을 통째로 놓고 비교하는 것이 아니라 그것을 평면도형으로 쪼개서 끼리끼리 비교한다. 윗면은 윗면끼리, 밑면은 밑면끼리, 또 옆면은 옆면끼리 말이다.

일반적으로 서로 닮은 두 입체도형에서는 다음과 같은 성질을 가지고 있다.

첫째, 대응하는 모서리의 길이의 비, 즉 닮은비는 모두 일정하다.

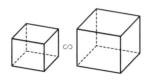

둘째, 대응하는 면은 서로 닮은 도형이다.

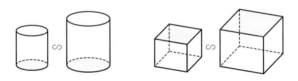

참고로 닮음의 기호 ∽는 Similar의 처음 머리글자 S를 옆으로 뉘어서 쓴 모양이다.

축구공과 야구공이 서로 닮았다고?

크고 작은 원은 항상 닮은 도형일까? 생각을 모아 보자. 우선 원은 평면도형이다. 평면도형이 서로 닮기 위해서는 대응하는 각의 크기가 같아야 하고, 대응하는 변의 길이의 비가 일정해야 한다. 그런데 모든 원은 중심각이 360°이므로 대응하는 각의 크기는 무조건 같다. 대응하는 변의

길이가 문제인데 원에서 대응하는 변은 오로지 반지름(지름)뿐이다. 결국
반지름의 길이에 의해 원의 크기가 결정되고, 그 반지름의 길이의 비가
바로 닮음비가 되는 것이다. 따라서 원은 항상 닮은 도형이다.

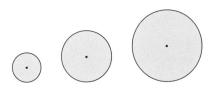

크고 작은 구는 항상 닮은 도형일까? 구 역시 원과 같이 항상 닮음인
도형이다. 왜일까? 구는 입체도형이다. 입체도형이 서로 닮기 위해서는
대응하는 면은 서로 닮은 도형이어야 하고, 대응하는 모서리의 비는 일
정해야 한다. 그런데 구는 대응하는 면이 모두 원이므로 서로 닮은 도형
이다. 대응하는 모서리는 원에서처럼 반지름뿐이다. 결국 반지름의 길이
에 의해 구의 크기가 결정되고, 그 반지름의 길이의 비가 닮음비가 되는
구는 항상 닮은 도형이다. 따라서 크기만 다른 축구공, 야구공, 탁구공은
모두 서로 닮은 도형이라 할 수 있겠다.

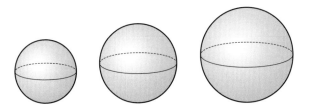

이 외에도 항상 닮음인 도형으로는 정다각형, 중심각이 같은 부채꼴, 꼭지각이 같은 이등변삼각형, 직각이등변삼각형, 정다면체 등이 있다. 이것들의 닮음비를 결정하는 요소는 한 변의 길이 딱 하나뿐이다.

크고 작은 액자는 서로 닮은 거니?

다음 그림 액자를 보자. 이 그림 액자에서 안쪽에 있는 직사각형과 바깥쪽에 있는 직사각형은 서로 닮은 도형일까? 대충 어림잡아 서로 닮은 도형이라고 답하지 말자. 직사각형은 정사각형과 달리 닮음인지 아닌지 결정하는 요소가 딱 하나가 아니기 때문에 꼼꼼하게 따져 봐야 한다. 대응하는 각의 크기가 같은지, 또 대응하는 변의 길이의 비가 일정한지 말이다.

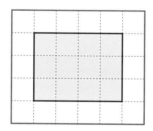

우선 대응하는 각의 크기부터 따져 보자. 직사각형의 네 내각의 크기

는 모두 90°로 같기 때문에 대응하는 각의 크기는 모두 같다. 그렇다면 대응하는 변의 길이의 비는 어떤가? 직사각형에서의 대응변은 가로와 세로 둘이므로 가로는 가로끼리, 세로는 세로끼리 대응변의 길이의 비를 따져 봐야 한다. 가로의 길이의 비부터 따져 보면 바깥쪽에 있는 직사각형의 가로의 길이와 안쪽에 있는 직사각형의 가로의 길이 비는 6 : 4, 즉 3 : 2이고, 세로의 길이의 비는 5 : 3이다. 따라서 대응하는 길이의 비가 일정하지 않으므로 두 직사각형은 닮음이 아니다.

주의하자. 닮음인지 아닌지를 따질 때는 대응하는 각의 크기뿐만 아니라 대응하는 변의 길이의 비도 같은지 확인해 봐야 한다는 것을.

용합 A4용지에 숨은 비밀

스마트폰을 가운데로 뚝 자른다면? 장미꽃을 $\frac{1}{2}$로 자른다면? 대부분의 것들은 절반으로 자르는 순간 원래의 모양을 잃게 된다. 하지만! 우리 친구들에게 익숙한 A4 용지는? 가운데로 뚝 자르더라도 다음 그림처럼 원래의 모양을 그대로 유지한다. 신기한 일이다.

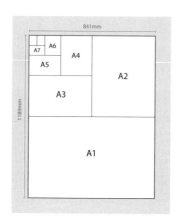

　위 그림을 보면 A4용지뿐만 아니라 A4용지의 가족인 A1, A2, A3, A4… 모두 원래의 모양을 그대로 유지한 채 크기만 달라진다는 사실을 알 수 있다. 이때 A1, A2, A3, A4 등은 이들의 다른 이름인 2절지, 4절지, 8절지, 16절지 등으로 불린다. 전지는 말 그대로 자르지 아니한 온장의 종이 A0의 크기를 말하고, 2절지는 A0를 2등분한 것으로 A1이며, 4절지는 A0를 4등분한 것으로 A2이다. 이처럼 자르는 과정을 몇 번 반복하느냐에 따라 용지에 이름이 붙게 되는데, 이것들은 모두 서로 닮은 도형이다. 이처럼 반으로 계속해서 잘라도 원래의 모양을 잃지 않는다는 A0용지의 크기는 얼마나 될까?

　국제적으로 정해둔 크기는 841mm×1189mm이다. 외울 생각은 아예 접어두자. 대신 이 크기의 등장 과정을 무리수와 함께 3학년 과정에서 다시 살펴볼 예정이다. 어쨌든 반으로 잘라서 생긴 용지 A1, A2, A3,

A4 등의 매력은 다양한 복사용지를 만들어도 자투리가 생기지 않는다는 점에 있다. 경제적으로 종이의 낭비를 줄일 수 있을 테니 말이다.

닮음의 성질을 이용하면 나무의 키도 잴 수 있어

탈레스Thales는 기원전 6세기경 그리스의 수학자이다. 그는 늘 수학 세계를 향해 질문을 던졌다. '왜 삼각형의 내각의 크기의 합은 180°일까?' '대응하는 두 변의 길이가 각각 같고, 그 끼인각의 크기가 서로 같은 두 삼각형은 왜 합동일까?' 하고 말이다.

탈레스는 궁금증을 품는 데서 멈추지 않았다. 왜 그렇게 되는지를 밝혀 보고자 노력한 것이다. 그는 고대 이집트 사람들처럼 경험에 비추어 보니 대충 '그런 것 같아'라고 결론을 내리는 것이 아니라 왜 맞꼭지각의 크기는 서로 같은지, 왜 이등변삼각형의 두 밑각의 크기 또한 서로 같은지에 대해 분명하게 따져 묻고 반론이 나올 수 없는 해결책을 모색했다. 이렇게 어떤 현상에 대해 수학적인 설명을 덧붙여 수학의 체계화를 꾀했던 탈레스는 그러한 특징적인 연구방법을 통해 자도 없이 피라미드의 높이를 알아내는 방법까지 고안해 냈다. 탈레스는 피라미드의 높이를 어떻게 알아냈을까? 그 비밀은 바로 닮음의 성질에 있다.

탈레스의 계산 과정을 따라가 보자.

먼저 길이를 알고 있는 지팡이 하나를 준비한다. 그리고 지팡이의 그림자 끝과 피라미드의 그림자 끝이 같은 위치에 오도록 지팡이를 땅에 꽂는다. 이렇게 하면 다음 그림처럼 지팡이가 만들어낸 삼각형과 피라미드가 만들어낸 삼각형은 닮음 관계에 있게 된다. 이러한 두 삼각형의 닮은 관계 덕분에 지팡이의 그림자 길이와 피라미드의 그림자 길이를 재서 비례식을 세우면 그 비례식을 이용하여 피라미드의 높이를 구할 수 있다.

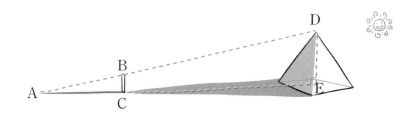

피라미드를 만든 사람은 이집트 사람이지만 그 거대한 피라미드의 높이를 막대 하나로 알아낸 사람은 탈레스이다.

우리나라에서 가장 큰 나무는 경기도 양평에 있는 용문사의 은행나무로 키가 42m이며 나이는 1,100살이 넘는다고 한다. 이 나무의 높이 또한 탈레스처럼 닮음의 성질을 이용하여 구할 수 있다. 땅에 수직으로 지팡이를 세운 다음 같은 시각에 은행나무의 그림자와 지팡이의 그림자의 길이를 재서 두 길이의 비를 구하고 비례식을 이용하면 짜잔! 나무의 높이가 구해질 테니 말이다.

자연 속에서 닮은 도형을 찾아 봐

브로콜리를 예로 들어 보자. 브로콜리를 이루고 있는 큰 덩어리는 작은 브로콜리들의 집합체이다. 이 작은 브로콜리들은 크기만 작을 뿐이지 큰 브로콜리 덩어리와 그 형태가 전혀 다르지 않다. 작은 브로콜리를 구성하고 있는 새끼 브로콜리들 또한 마찬가지이다. 닮은 모양이 규칙적으로 관찰되는 것이다. 이와 같이 부분을 확대하면 그 부분이 전체의 모습과 똑같아지는 것을 '자기 닮음' 또는 '프랙털fractal'이라고 한다.

수학에서도 이런 자연 속의 닮음을 그대로 표현한 재미있는 도형이 있다. 시어핀스키 삼각형과 코흐 눈송이가 바로 그것이다. 다음 그림과 같이 정삼각형을 1개 그린 뒤 그 세 변의 중점을 연결하면 4개의 삼각형이 생긴다. 여기에 가운데 삼각형을 제외한 3개의 정삼각형에 앞선 과정을 동일하게 반복한다. 그리하면 부분의 형태가 전체와 동일한 프랙털 도형이 만들어지는데, 이 도형을 '시어핀스키 삼각형'이라고 한다.

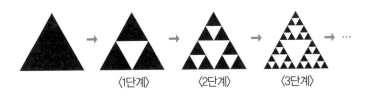

〈1단계〉 〈2단계〉 〈3단계〉

다음 그림은 자기 닮음으로 만든 코흐 눈송이이다.

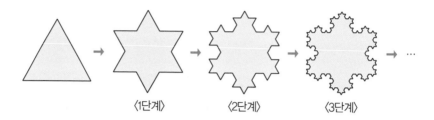

〈1단계〉　　　〈2단계〉　　　〈3단계〉

　　자연의 프랙털이나 인간이 인위적으로 만들어낸 인공적인 프랙털이나 모든 프랙털의 공통분모는 '규칙'이다. 이처럼 복잡하고 불규칙해 보이는 것들 속에서 규칙을 찾아내는 이론을 '프랙털 이론'이라고 하는데, 프랙털 이론이 연구되고부터 이전에는 표현하지 못했던 자연의 모습과 여러 현상을 수학적으로 표현하고 설명할 수 있게 되었다고 한다. 프랙털 이론으로 인해 수학의 대상이 훨씬 폭넓어진 셈이다.

 ## 교과 삼각형과 평행선

- 삼각형이 평행선을 만난다.
- 3개의 평행선이 다른 두 직선과 만난다.
- 사다리꼴이 평행선을 만난다.

다음 그림처럼 이 같은 만남이 이루어질 때 어떤 일이 벌어질까?

〈삼각형과 평행선〉　　　〈선분과 평행선〉　　　〈사다리꼴과 평행선〉

그것들의 특별한 관계를 알아보자.

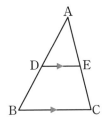

우선 그림과 같이 삼각형이 평행선을 만나게 되면 △ABC∽△ADE

(AA닮음)이므로 세 쌍의 대응하는 변의 길이의 비는 같다.

즉 $\overline{AB} : \overline{AD} = \overline{AC} : \overline{AE} = \overline{BC} : \overline{DE}$ 이다.

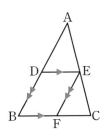

이때 그림처럼 보조선을 그으면 $\triangle ADE \backsim \triangle EFC$(AA닮음)이므로 $\overline{AD}:\overline{EF}=\overline{AE}:\overline{EC}$이다. 그런데 $\overline{DB}=\overline{EF}$이므로 $\overline{AD}:\overline{DB}=\overline{AE}:\overline{EC}$이다.

 ## 평행선과 선분의 길이의 비

다음 그림처럼 3개의 평행선이 다른 두 직선과 만나게 되면 어떤 일이 벌어질까? "$l /\!/ m /\!/ n$이면 $a:b=c:d$이다."

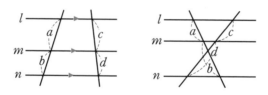

왜 그럴까? 이유는 간단하다. 다음 그림에서처럼 한 직선 q를 평행이동해 보면 바로 알 수 있다.

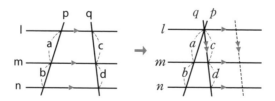

이때 닮음인 2개의 삼각형이 생기므로 앞서 공부한 삼각형과 평행선의 원리를 그대로 적용하면 $a:b=c:d$이다. 다음 그림과 같은 상황에서도 마찬가지다.

닮음인 2개의 삼각형이 생기고, $a:b=c:d$이다.

정리하면 위 그림처럼 세 평행선이 다른 두 직선과 만날 때, 평행선 사이의 선분의 길이의 비는 같다. 즉 $l /\!/ m /\!/ n$이면 $a:b=c:d$이다.

 사다리꼴에서의 평행선

다음 그림과 같이 사다리꼴이 평행선을 만나게 되면 어떤 일이 벌어질까?

사다리꼴 ABCD에서 $\overline{AD} /\!/ \overline{EF} /\!/ \overline{BC}$이면 $\overline{EF}=\dfrac{mb+na}{m+n}$이다.

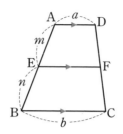

정말 그러한지 알아보자.

다음 그림처럼 $\overline{AB}$와 평행하게 보조선 $\overline{DH}$를 그어 생각하면 □ABHD는 평행사변형이므로 $\overline{AD}=\overline{EG}=\overline{BH}=a$, $\overline{AE}=\overline{DG}=m$, $\overline{EB}=\overline{GH}=n$ 이다.

이때 △DGF∽△DHC(AA닮음)이므로 $\overline{DG}:\overline{DH}=\overline{GF}:\overline{HC}$이다.

즉 $m:(m+n)=\overline{GF}:(b-a)$이다.

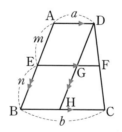

비례식을 풀면 $\overline{GF}=\dfrac{mb-ma}{m+n}$, 이때 $\overline{EF}=\overline{EG}+\overline{GF}$이므로 다음과 같다.

$$\overline{EF}=\overline{EG}+\overline{GF}=a+\frac{mb-ma}{m+n}$$

$$=\frac{a(m+n)}{m+n}+\frac{mb-ma}{m+n}=\frac{mb+na}{m+n}$$

다시 한 번 강조하지만 무조건 공식을 외우려 들지 말고, 공식이 만들어지는 과정을 통해 원리를 이해하도록 하자. 그래야 수학적인 사고력도 키워지고 기억에도 오래 남는다. 그리고 장담컨대 수학 공부가 전보다 훨씬 재밌어질 것이다.

 ## 삼각형의 무게중심은 어떻게 찾는 거야?

다음의 사진들을 보자. 무엇이 떠오르는가?

엄청나게 강력한 접착제? 수리수리 마수리 마술? 물론 사진 속의 돌은 강력한 접착제 덕분도, 마술 덕분도 아니다. 무게중심과 인간의 집중력이 만들어낸 퍼포먼스이다. 사진은 조각가이자 돌쌓기 행위 예술가인 빌 댄Bill Dan의 작품이다.

물체의 어떤 곳을 매달거나 받쳤을 때 수평으로 균형을 이루는 점을 '무게중심'이라고 한다. 때문에 무게중심만 잘 잡아내면 기울거나 쓰러지지 않게 균형을 잘 잡을 수 있다. 그렇다고 무게중심 잡기가 말처럼 쉬운 것은 아니다. 이제 막 걸음을 떼기 시작한 아기나 두발자전거를 처음으로 배우는 사람이 숱하게 넘어지는 것도 무게중심 잡기가 그만큼 어렵기 때문이다.

하지만 삼각형의 경우에는 좀 다르다. 아주 간단한 방법으로 삼각형의 무게중심을 찾을 수 있다. 위 그림처럼 긴 막대의 무게중심은 한가운데 있다. 즉 막대 한가운데 중심을 받쳐 들면 어느 쪽으로도 기울지 않고 평형을 유지한다는 것이다.

이 같은 원리를 삼각형에 적용시켜 보자. 선이 모여 면이 된다는 것을 염두에 두면 다음 그림처럼 삼각형은 한 변에 평행한 막대가 여럿 모여 있다고 생각할 수 있다. 이때 각 막대의 가운데 점이 무게중심이므로 삼각형은 막대들의 가운데 점을 연결하는 직선 *l* 위에서 평형을 이루게 될 것이다. 이때 직선 *l* 의 이름을 '중선'이라고 한다.

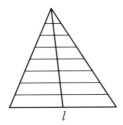

또 다음 그림에서처럼 다른 변에 대해서도 똑같은 방법을 시도해 볼 수 있다. 그림의 삼각형은 직선 *m* 위에서도 역시 평행을 이루게 될 것이다. 이때 직선 *m* 역시 중선이다.

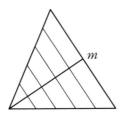

두 중선 *l*, *m*은 다음 그림에서처럼 한 점에서 만나게 되는데, 남은 중선 역시 그 점을 지나게 되므로 세 중선 모두 동일한 한 점을 지나게

된다. 그 점을 삼각형의 무게중심이라고 한다.

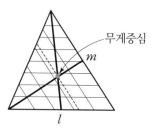

즉, 삼각형의 무게중심은 세 중선의 교점이 되는 것이다.

세 중선의 교점! 얼마나 단순하고 확실한가? 접착제나 마술 없이도 아슬아슬하게 서 있는 역삼각형 사진을 찍을 수 있다니!

수학의 신비는 끝이 없다.

삼각형의 중점을 연결해 봐

삼각형의 두 변을 찜해서 그것의 각 중점을 연결해 보자. 다음 그림처럼 말이다.

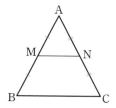

이때 삼각형의 중점을 연결한 $\overline{MN}$과 다른 한 변 $\overline{BC}$ 사이에는 다음이 성립한다.

$$\overline{MN}=\frac{1}{2}\overline{BC},\ \overline{MN}/\!/\overline{BC}$$

정말 그러한지 따져 보자. 위 그림처럼 삼각형의 두 변의 중점을 각각 M, N이라 하면 ∠A는 공통인 각이므로 △AMN∽△ABC(SAS닮음)이고 $\overline{AB}:\overline{AM}=\overline{AC}:\overline{AN}=2:1$이다.

이때 두 닮은 삼각형에서 서로 대응하는 변의 길이의 비는 같으므로 $\overline{BC}:\overline{MN}=2:1$, $\overline{MN}=\frac{1}{2}\overline{BC}$이다. 또 서로 대응하는 각의 크기는 같으므로 평행선과 동위각의 성질에 의하여 $\overline{MN}/\!/\overline{BC}$임을 알 수 있다.

간단히 정리하면 삼각형의 두 변의 중점을 연결한 선분은 나머지 한 변과 평행하고, 그 길이는 나머지 한 변의 길이의 $\frac{1}{2}$이라는 것이다. 참고로 이 같은 성질의 이름을 삼각형의 '중점연결정리'라고 부르기도 한다.

교과 삼각형의 무게중심도 성질이 있어

모든 삼각형에는 외심과 내심이 각각 1개씩 있다고 했다. 외심이나 내심처럼 무게중심 또한 삼각형마다 1개씩 반드시 존재한다. 이 같은 무게중심은 세 중선을 각 꼭짓점으로부터 그 길이가 각각 2 : 1이 되도록 나눈다는 성질을 가지고 있다.

정말 그러한지 따져 보자.

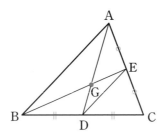

위 그림과 같이 △ABC에서 중선 AD와 BE의 교점을 G라고 하자. 점 D와 E는 각각 $\overline{BC}$와 $\overline{AC}$의 중점이므로 중점연결정리에 의해 $\overline{DE}/\!/\overline{AB}$, $\overline{DE}=\frac{1}{2}\overline{AB}$이다. 따라서 △GAB∽△GDE(AA닮음)이고 그 닮음비는 2 : 1이다. 즉 $\overline{AG}:\overline{GD}=\overline{BG}:\overline{GE}=2:1$이므로 점 G는 중선 AD와 BE를 각 꼭짓점으로부터 그 길이가 각각 2 : 1이 되도록 나누는 점이 되는 것이다.

이와 같은 방법으로 생각하면 다음 그림에서처럼 무게중심 G는 세 중선을 각 꼭짓점으로부터 그 길이가 각각 2 : 1이 되도록 나눈다는 것을 알 수 있다. 즉 $\overline{AG}:\overline{GD}=\overline{BG}:\overline{GE}=\overline{CG}:\overline{GF}=2:1$이다.

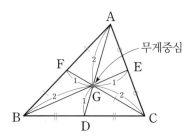

참고로 외심, 내심, 무게중심, 방심, 수심을 '삼각형의 오심'이라고 한다. 이 중에 언급하지 않았던 방심과 수심은 중학교 3학년 과정에서 다룰 것이다.

 『걸리버 여행기』에서 소인국 사람들의 계산법은?

조나단 스위프트Jonathan Swift의 소설 『걸리버 여행기Gulliver's Travels』의 주인공 걸리버는 배가 난파되어 표류하던 중에 가까스로 소인국 나라를 여행할 기회를 얻게 된다. 그런데 문제가 생겼다. 걸리버의 몸집이 소인국 사람들보다 12배가량 더 커서 입을 옷을 구하고 배고픔을 해결하는 데 곤란을 겪게 된 것이다. 때문에 걸리버를 위한 음식과 옷이 따로 만들어졌다.

첫째, 걸리버의 식사! 걸리버의 한 끼 식사량은 소인국 사람들 1,728명의 한 끼 식사에 육박했다. 둘째 걸리버의 옷! 걸리버의 옷을 짓기 위해

필요한 옷감의 양은 1명의 소인국 사람에게 필요한 옷감의 144배였다. 12배 클 뿐인데 어째서 1,728명의 식사와 144배의 옷감이 필요했던 것일까? 수학적으로 따져 보자.

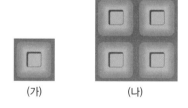

(가)   (나)

위 그림에서 정사각형 (나)는 정사각형 (가)의 가로와 세로의 길이를 각각 2배씩 늘린 것으로 두 정사각형 (가), (나)의 닮음비는 1:2이다. 그런데 정사각형 (나)의 넓이는 정사각형 (가) 넓이의 4배이다. 즉 닮음비가 1:2일 때 넓이의 비는 $1^2:2^2=1:4$가 되는 것이다. 따라서 닮음비가

$m:n$이면 넓이의 비는 $m^2:n^2$이다.

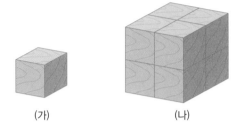

(가)   (나)

또 위 그림에서 정육면체 (나)는 정육면체 (가)의 가로, 세로, 높이를 각각 2배씩 늘린 것으로 두 정육면체 (가), (나)의 닮음비는 1 : 2이다. 그런데 정육면체 (나)의 부피는 정육면체 (가) 부피의 8배이다. 즉 닮음비가 1 : 2이면 부피의 비는 $1^3:2^3=1:8$이다. 따라서 닮음비가 $m:n$이면 부피의 비는 $m^3:n^3$이다.

이 같은 닮음의 원리를 소인국 사람들의 계산법에 적용해 보자.

걸리버가 소인국 사람보다 12배 크다는 것은 키만 12배 크다는 것이 아니라 입체적인 몸을 구성하는 가로, 세로, 높이가 각각 12배씩 크다는 것이다. 따라서 걸리버의 전체 몸의 크기는 가로, 세로, 높이의 곱 $12 \times 12 \times 12 = 1728$, 즉 소인국 사람의 1728배가 된다. 이것이 소인국 사람들이 1728인분의 식사를 준비한 이유이다.

그런데 옷을 만들 때는 식사량과 달리 몸을 둘러싸기만 하면 되므로 겉 피부에 해당하는 겉넓이만 고려하면 된다. 때문에 가로, 세로의 곱 $12 \times 12 = 144$배의 옷감이 필요하게 되는 것이다.

수박을 살 때는 큰 것을 골라야 해

　생강의 신발 사이즈는 295mm이고, 고래의 신발 사이즈는 255mm이다. 그런데도 둘의 신발 가격은 똑같다. 신발 가격은 크기와 상관없기 때문이다. 그런데 신발이나 옷이 사이즈별로 가격이 다르다면 어떨까? 또 머리 자를 때 두상의 크기에 따라 가격이 다르다면? 상상만 해도 왠지 웃어넘기지 못할 일이 벌어질 것만 같다.

　하지만 크기에 따라 가격이 다르게 결정되는 것들이 있다. 펜션이나 호텔 가격이 그렇고, 수박이나 피자 가격 또한 크기별로 가격이 다르다. 그렇다고 그것들의 가격이 500원짜리 공책을 1권 사면 500원, 두 권 사면 1,000원이듯 정비례로 정해지는 것은 아니다. 때문에 어떤 크기가 가격 면에서 유리한지 따져볼 필요가 있다.

　이를 테면 어떤 과일 가게에서 지름이 20cm, 30cm인 수박을 각각 1만 원, 2만 원에 판매한다고 하자. 이럴 때 어떤 크기의 수박을 사는 것이 경제적인지 계산할 줄 안다면 누구보다 알뜰한 소비자가 될 수 있을 것이다.

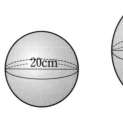

자, 계산법을 알아보자.

우선 두 수박의 닮음비를 구해야 한다. 두 수박은 지름의 비가 $20:30=2:3$이므로 닮음비는 $2:3$이다. 그리고 닮음비를 이용해 부피의 비를 구한다. 부피의 비는 닮음비의 세제곱이므로 $2^3:3^3=8:27$이다. 이제 두 수박의 부피를 비교할 수 있게 되었다. 큰 수박의 부피가 작은 수박 부피의 3배를 넘어섰는 데 비해 가격은 작은 수박 가격의 2배이다. 따라서 큰 수박을 구입하는 것이 경제적이다.

중2가 알아야 할 수학의 절대지식

1판 1쇄 2015년 2월 10일

지 은 이 나숙자

발 행 인 주정관
발 행 처 북스토리㈜
주   소 경기도 부천시 원미구 상3동 529-2 한국만화영상진흥원 311호
대표전화 032-325-5281
팩시밀리 032-323-5283
출판등록 1999년 8월 18일 (제22-1610호)
홈페이지 www.ebookstory.co.kr
이 메 일 bookstory@naver.com

ISBN 979-11-5564-034-0 44410
　　　979-11-5564-010-4 (세트)

※잘못된 책은 바꾸어드립니다.

이 도서의 국립중앙도서관 출판시도서목록(CIP)은 e-CIP 홈페이지
(http://www.nl.go.kr/ecip)에서 이용하실 수 있습니다.
(CIP제어번호 : CIP2015000789)